中等职业教育国家规划教材

建 筑 工 程 测 量

（第三版）

主　编　苗景荣

副主编　李　楠

主　审　于淑清

U0387863

中国建筑工业出版社

图书在版编目（CIP）数据

建筑工程测量 / 苗景荣主编；李楠副主编 . — 3 版
. —北京：中国建筑工业出版社，2023.8
中等职业教育国家规划教材
ISBN 978-7-112-28733-8

Ⅰ.①建… Ⅱ.①苗… ②李… Ⅲ.①建筑测量－中
等专业学校－教材 Ⅳ.① TU198

中国国家版本馆 CIP 数据核字（2023）第 085690 号

本书共分九章，主要内容有建筑工程测量的基本知识，基本理论及常用测量
仪器的构造、使用及检验校正，控制测量，地形图的识读及应用，大比例尺地形
图测绘，测设的基本工作，建筑场地施工控制网的建立及工业与民用建筑施工测
量等。附录主要是十五个技能训练辅助材料。

本书除用作中等职业教育工业与民用建筑专业的"建筑工程测量"课程的教
材，也可作为建筑工程施工单位岗位培训教材及其他有关专业从事工程测量的初
中级技术人员参考用书。

为更好地支持本课程教学，我们向使用本书的教师免费提供教学课件，有需
要者请与出版社联系，索要方式为：1. 邮箱jckj@cabp.com.cn；2. 电话（010）
58337285；3. 建工书院http://edu.cabplink.com。

责任编辑：刘平平 李 阳
责任校对：党 蕾

中等职业教育国家规划教材
建筑工程测量（第三版）
主 编 苗景荣
副主编 李 楠
主 审 于淑清
*
中国建筑工业出版社出版、发行（北京海淀三里河路9号）
各地新华书店、建筑书店经销
北京科地亚盟排版公司制版
北京市密东印刷有限公司印刷
*
开本：787毫米×1092毫米 1/16 印张：15 字数：292千字
2023年10月第三版 2023年10月第一次印刷
定价：**45.00元**（赠教师课件）
ISBN 978-7-112-28733-8
（41020）

本书第二版自 2009 年出版以来，至今使用已达 14 年之久。为了更好地适应教学需要，对第二版进行了修改、调整和充实。内容方面保持原教材基本体系不变的基础上，融入了当前工程测量发展的许多新技术、新内容。着重于新技术、新方法、新仪器设备、新内容、新标准《工程测量标准》GB 50026—2020 的介绍。补充阐述了第二版中未曾讲到的和讲述尚不够清楚的内容，使教材具有一定的先进性与实用性。

教材编写注重知识介绍的深入浅出，淡化理论，内容浅显，注重对学生实际操作能力的培养，实用性强。坚持"必需，够用"的原则。教材内容在形式上，使用上，力求更贴紧实际。教材编写时考虑到目前工程实际，对部分内容进行适当增减，较全面地介绍了工程测量近年来的科学技术成就。

本书由苗景荣主编，并编写第一～第四章；李楠副主编，并编写第五～第九章。全书由苗景荣统稿。于淑清主审。

限于编写的水平有限，加之时间仓促，书中难免有不妥与疏漏之处，敬请读者批评指正，使之不断完善和提高。

本书参考或引用了部分相关文献及图片资料，在此向作者表达深深的谢意！参考或引用的资料已尽量在参考文献中列出，如有不尽详细或遗漏之处谨致歉意。

本书自 2003 年出版以来，至今使用已达 6 年之久，被很多中等职业学校选用作为教材。在这期间全国建筑类中等职业学校测量课教改形势发展很快，以及新仪器、新技术、新规范的出现，深感该教材有进一步修改的必要，故特进行第二版修订。

此次修订时，在第一版书的基础上，结合中职教育教学改革和专业技术发展的要求以及近年来新的《工程测量规范》、《建筑变形测量规范》的施行进行修订的。力求修订后的教材能更好地满足中职教育的要求。本书在原版的基础上，内容作了一定的增添，主要增写了数字水准仪、全站仪测距、GPS 全球定位系统测量简介、全站仪数字化测图简介等，以拓宽学生的知识面。施工测量部分进行了增写与改写，新技术的使用，对培养学生的专业和岗位能力具有重要的作用。

限于我们的水平，对原书的修订还很不够，书中难免存在缺点和错误，请广大读者批评指正。

第一版前言

　　本书是根据"中等职业教育国家规划教材"编写会议精神及"建筑工程测量"课程教学大纲编写的。

　　教材在内容选编上，突出职业教育的特点，简明、通俗地介绍基本概念，对基本理论论证少，着重基本操作、应用的详细叙述。对民用建筑和工业建筑按施工流程完整介绍过程与方法，突出实用性。

　　本学科实践性强，而且技术发展快，学习中必须坚持理论联系实际，同时应利用幻灯、录像等电化教学手段来进行直观教学。并应重视技能训练等实践性教学环节，做到学以致用。

　　本书由黑龙江建筑职业技术学院苗景荣主编，并编写第一～四章；广州市土地房产管理学校刘兆煌编写第五～七章，广西建筑工程学校李向民编写第八～九章。

　　由于编者水平有限，加之时间仓促，书中可能存在缺点和错误，恳请读者不吝赐教，使之不断完善和提高。

目　录

绪　　论

✎ 第一节　建筑工程测量的任务和作用

测量学是研究地球表面的形状和大小以及确定地面（包括空中和地下）点位的科学。它包括普通测量学、大地测量学、摄影测量学、工程测量学等学科。

一、建筑工程测量的任务

工程测量学是指对于各种工程，例如：工业建筑、民用建筑、铁路、公路、桥梁、隧道、水利、矿山等在勘察、设计，施工、生产运营和维护管理等阶段，每个阶段都需要进行相应的测绘工作。研究各个阶段测量工作的理论、作业方法以及工作组织等就是工程测量学的基本内容。

如果按建筑工程测量工作进行的先后以及作业性质来分，可归纳为下列几个方面：

（一）测图（又称测定）

测图是工程勘测阶段的测量工作，在这个阶段需根据施工场地附近的已知国家测量控制点，按照各种工程建筑物施工的需要建立平面及高程的控制网，并进行地形测量，供规划设计使用。

（二）用图

用图是指识别和使用图（地形图、断面图等）的知识、方法和技能。用图是先根据图面的图式符号识别地面上地物和地貌，然后在图上进行测量。从图上取得工程建设所必需的各种技术资料，以解决工程设计和施工中的有关问题。

（三）放样（又称测设）

建筑物（构筑物），在图纸上设计好之后，按照设计要求通过测量的定位、放线、安装，将其平面位置和高程标定到施工作业面上，作为施工的依据，才能动工修建。

建筑工程测量（第三版）

这种将图纸上的设计转移到实地去的测量工作，称为放样（工程上也称为定线）。可见放样是测图的逆过程。

（四）竣工测量

工程竣工后，需要检测各主要部位的实际平面位置，将高程和竖直方向及相关尺寸标定出来，作为竣工验收的依据。竣工总图与一般地形图不完全相同，主要是为了反映设计和施工的实际情况，是以编绘为主。当编绘资料不全时，需要实测补充或全面实测。

根据竣工验收资料，编绘竣工总图，作为该建筑物永久性文件。供工程结束后的管理、维修、扩建、改建之用。

（五）变形监测

随着建筑业的迅速发展，建筑物（构筑物）的结构、功能、规模以及施工方法的新突破相继出现。在结构形式上，从原来的五六层砖混结构发展到十几层、二十几层以及高度达百米的钢结构建筑物（构筑物），在施工方法上，也已不是现场砌砖，而是预制构（部）件现场安装，加快了施工的进度。因此对于高层建筑物（构筑物）及有特殊要求的建（构）筑物，在施工过程中和使用期间对设计与施工指定的工程部位在建筑荷重和外力作用下随时间而产生的位移、沉降、倾斜、裂缝等进行监测。建（构）筑物在施工期和运营期的变形监测是建筑项目的一个必要环节，能够及时为项目施工安全和运营安全提供监测预报。监视其安全性和稳定性，找出监测体的变形规律，合理地解释监测体的各种变化现象，比较准确地评价监测体的安全态势，并提供分析预报，这种监测称为变形监测。其监测成果是验证设计理论和检验工程质量的重要资料和依据。

二、建筑工程测量的作用

建筑工程测量在工程建设中有着广泛的应用，起着重要的作用，是工程建设的尖兵，是工程施工中各阶段的先行工序。例如：建筑用地的选择，道路、管线位置的确定等，都要利用测量所提供的资料和图纸进行规划设计。施工阶段需要通过测量工作来衔接，配合各项工序的施工，才能保证设计意图的正确执行。施工竣工后的竣工测量，为工程的验收、日后的扩建和维修管理提供资料。在工程管理阶段，对建（构）筑物进行变形观测，以确保工程的安全使用。因此，建筑工程测量贯穿于建筑工程建设的始终，服务于施工过程中的每一个环节，而且测量的精度和进度直接影响到整个工程质量与进度。工程质量的优劣在很大程度上取决于测量成果的精度。

对于工民建专业的学生，学习本课程之后应掌握建筑工程测量的基本理论，基本知识和基本技能；能正确使用常用的测量仪器和工具；初步掌握小地区大比例尺地形图的测绘方法；具有正确应用地形图和有关测量资料的能力；具有一般建筑工程施工测量的能力以及能灵活应用所学的测量知识为其专业工作服务。施工技术员和工长要掌握足够的测量放线理论知识和必要的操作技能，才能胜任工作。

第二节 地面点位的确定

一、确定地面点位的原理

由几何学原理可知，由点组成线、线组成面、面组成体。因此构成物体形状最基本元素是点。在测量上，把地面上的各种固定性物体称为地物，如房屋、道路、河流等；地面起伏变化的形态称为地貌，如高山、丘陵、平原等。地物和地貌总称为地形。以地形测绘为例，虽然地面上各种地物种类繁多，地势起伏千差万别，但它们的形状、大小及位置完全可以看成是由一系列连续不断的点所组成的。就房屋而言，平面位置是由房屋轮廓线的交点（棱角点）决定的。道路、河流的边线虽然很不规则，但弯曲部分可看成是由一些转折点相连接而成。至于起伏变化的地势，是由方向变化线与坡度变化线的交点所决定的。因此，无论地物或地貌在反映它们形状、大小以及地势形态的所有点中，只要把那些能够突出体现方向转折和坡度变化的特征点的位置测绘到图纸上，这些地物、地貌的形状、大小、位置就可以确定了。放样是在实地（施工现场）标定出设计建（构）筑物的平面位置和高程的测量工作。虽与测图过程相反，但其实质也是确定点的位置。因此，点位关系是测量上要研究的基本关系。

确定地面点的位置，就是将地面点沿铅垂线（重力线）方向投影到一个代表地球表面形状的基准面上，地面点投影到基准面上后，要用坐标（平面位置）和高程来表示点位。测绘过程及测量计算的基准面，可以认为是平均海洋面延伸，穿过陆地和岛屿所形成的闭合曲面，这个闭合的曲面称为大地水准面。在大范围内进行测量工作时，是以大地水准面作为地面点投影的基准面，若在小范围内测量，可以把地球局部表面当作平面，用水平面作为地面点投影的基准面（用水平面代替大地水准面）。

二、地面点平面位置的确定

地面点的平面位置，可以用地理坐标或平面直角坐标表示。

地理坐标是用经度和纬度表示的球面坐标。在大地测量和地图制图中

1-1

常采用地理坐标。对于小范围（测区范围半径小于 10km）内的测量工作来说，可以不考虑地球曲率，而把地球局部表面看作平面，在这个平面上建立测区平面直角坐标系。直接用该平面上的直角坐标系中的坐标值来确定点位。这样对测量计算和绘图都带来很大的方便。在局部区域内建立的平面直角坐标系，称为独立平面直角坐标系，有时也叫测量平面直角坐标系。如图 1-1 所示。

测量工作中所用的平面直角坐标系，纵坐标轴规定为 X 轴，表示南北方向，向北为正，向南为负；横坐标轴规定为 Y 轴，表示东西方向，向东为正，向西为负；象限是从北东开始按顺时针方向排列 I、II、III、IV，如图 1-1 所示。坐标原点可以是假定的，一般选在测区西南角之外，这样可以使整个测区范围内的点都在直角坐标系的第一象限内，点的 x、y 值皆为正值，给计算工作带来方便。

测量平面直角坐标系与数学中介绍的平面直角坐标系有两点不同，如图 1-2 所示。一是坐标轴互换（注记不同），测量坐标系纵轴为 X 轴，横轴为 Y 轴。这是因为测量工作中是以纵轴（X 轴）北端为标准，按顺时针方向量度到定向直线间的夹角来确定直线方向的。数学上的纵轴为 Y 轴，横轴为 X 轴。数学上以 X 轴正向为标准，逆时针方向量度角值。另一个是象限注记顺序不同，测量坐标系是顺时针方向注记为 I、II、III、IV 四个象限。这样不仅使定向工作方便，还可以将数学中的三角学公式直接应用于测量坐标系进行坐标计算，不需做任何改变，这样既便于直线定向又便于坐标计算。

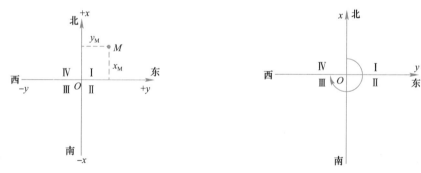

图 1-1　独立平面直角坐标系　　　　图 1-2　测量坐标系和象限注记

上面提出的，在小范围内的测量工作可以用水平面作为地面点投影的基准面，也可以在该平面上建立平面直角坐标系，用平面直角坐标来表示一个点位。但是在测区范围较大时，是不能用水平面作为基准面的，而只能用参考椭球面作为基准面。为了将椭球面上的点、图形能表示在平面直角坐标系里，我国采用高斯分带投影（即等角横切椭圆柱投影）的方法，将地面点确定在高斯平面直角坐标系里，建立全国统一的平面直角坐标系统。

我国在 1980 年以前，国家的坐标系统称为"1954 年北京坐标系"。1980 年以后，采用 1975 年国际大地测量协会推荐的全球坐标系的数据，并选择陕西泾阳县永乐镇某点为原点进行大地定位。由此建立起来全国统一的坐标系，称为"1980 年国家大地坐标系"。

三、地面点高程位置的确定

地面点的高程有两种确定方法，如图 1-3 所示，地面点 A 或 B 到大地水准面的铅垂距离称为该点的绝对高程或海拔，简称高程，用 H 表示（图中 H_A、H_B）；在局部地区，如果引用绝对高程有困难时，也可假定一个水准面作为高程起算的基准面（指定该地区某一个固定点，并假定其高程为零），地面点到假定水准面的铅垂距离，称为该点的相对高程或假定高程（图中 H'_A、H'_B）。建筑工程施工中经常遇到某部位的标高，即为某部位的相对高程，它是把建筑物的首层室内地坪高程定为零，记做 ±0.000，其余部位的高程均从 ±0.000 起算。

1-2

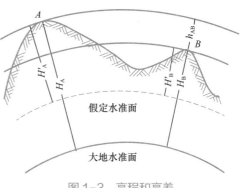
图 1-3　高程和高差

目前，我国的高程系统采用 1985 国家高程基准，高程起算点位于青岛的"中华人民共和国水准原点"，高程值为 72.2604m。

1956 年黄海平均海水面及相应的水准原点高程值为 72.289m，两系统相差 −0.0286m。为了统一全国高程系统，测绘部门以青岛水准原点起算，通过精密水准测量方法，在全国设置了很多水准点，这些水准点是工程建设引测绝对高程的依据。我们所应用的高程是相对于大地水准面的高程值。

两个地面点之间的高程差，称为高差，用 h 表示。图 1-3 中 A、B 两点之间的高差为 $h_{AB}=H_B-H_A=H'_B-H'_A$，表示 B 点相对于 A 点的高程之差。高差有方向和正负。当 h_{AB} 为正时，B 点高于 A 点；当 h_{AB} 为负时，B 点低于 A 点。B、A 两点的高差为 h_{BA} $h_{BA}=H_A-H_B$，由此可见，A、B 两点的高差与 B、A 两点的高差，绝对值相等，符号相反，即 $h_{AB}=-h_{BA}$。

由上式可知：由不同的高程基准面计算的高差相等，故高差的大小与高程起算面无关。如果已知某点的假定高程，若需要用国家统一高程系统表示该点时，只要通过与国家高程控制点连测，求得高差，就可以计算该点的绝对高程。建筑设计图纸上若注明 ±0.000 相当于绝对高程的数值，就能进行绝对高程与设计高程之间的换算。需要说明的是用水平面代替水准面，对高程测量的影响很大，因此在高程测量中，即使距

建筑工程测量（第三版）

离很短，也应顾及地球曲率对高程测量的影响。

四、确定地面点位的三个基本要素

如前所述，在小范围测区内，可以把大地水准面看作平面。为此，地面点的空间位置是以地面点在投影平面上的坐标 X、Y 和高程 H 决定的。在实际测量中 X、Y 和 H 的值并非直接测定，而是通过测量点位之间的水平距离（D）、水平角（β）和高差

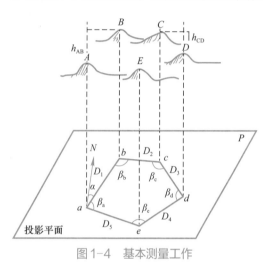

图1-4 基本测量工作

（h）这三个基本量，再通过一定的计算程序推算出点的坐标 X、Y 和高程 H 值。如图1-4中，通过测量水平角 β_a、β_b……和水平距离 D_1、D_2……以及各点间的高差 h_{AB}……，再以 A 点的坐标、高程和 AB 边的方位角为起算数据就可以推算出 B、C、D、E 各点的坐标和高程。由此可见，水平距离，水平角和高程是确定地面点位的三个基本要素。水平距离测量、水平角测量和高差测量是测量的三项基本工作，测、算、绘是测量的基本技能。

值得注意的是：为了测算地面点的坐标，要量测的是各地面点在水平面上投影后，投影点之间组成的角度和边长，而不是地面点之间所组成的角度和边长。

第三节 测量工作的原则、程序和要求

一、测量工作的原则和程序

无论是测图（测定）还是放样（测设），测量工作都必须遵循共同的原则：在布局上"从整体到局部"，在精度上"由高级到低级"，在程序上"先控制后碎部"。如图1-5所示，要绘制一个地区的地形图，应首先在整个测区内按一定密度，选择一些对整个测区能起控制作用的点1、2、3……作为控制点，精确地测定各控制点的平面位置和高程，称为控制测量。然后分别以各控制点为依据再测定控制点周围的地物，地貌的特征点，称为碎部测量，最后把在各控制点的测绘成果拼接起来，即可绘制成该地区完整的地形图。

放样虽与测图的过程相反，但其实质都是确定点的位置。因此，它与测图工作有

6

着相同的原则和程序，类似的施测方法。遵循测量工作的原则和程序有两点好处：

图 1-5 控制测量和碎部测量

（1）由于控制网的作用，可以减少误差的传递与积累，保证测区的整体精度。

（2）可以同时在几个控制点上进行测量工作，可加快测量进度，缩短工期，节约投资。

另外，在室外进行的测角、量距和测高差，称为外业工作。将外业成果在室内进行整理，计算（坐标、高程）和绘图称为内业工作。为了防止存在错误，无论在外业或内业工作中还必须遵循另一基本原则"边工作边校核"，对照《工程测量标准》GB 50026—2020 规定，用检核的数据来说明成果的合格和可靠。前一步工作未作检核，不能进行下一步工作，是测量工作的又一原则。

二、测量工作的基本要求

（1）测量工作中的测量和计算两个环节，无论是实践操作或是计算有错，均表现在点位的确定上产生错误，因此必须做到步步有校核，一定要坚持精度标准，保证各个环节的可靠性。杜绝弄虚作假，伪造成果，违反测量规则的错误行为，保证测量成果的真实、客观和原始性。

（2）测量仪器和工具是测量工作中不可缺少的生产工具，仪器与工具的完好状态直接影响测量观测成果的精度。因此对其必须按规定的要求正确使用，精心检校和科学保养。

（3）测量成果是集体作业的结晶，要有互相协助，紧密配合的团队精神，共同完成测量任务的全局观念。

思考题与习题

一、判断题：

1. 测量工作的基准线是铅垂线。（　　　）

2. 测量工作的基准面是大地水准面。（　　　）

3. 在小范围（半径不大于10km的范围）地区的测量工作，可采用独立平面直角坐标系的坐标来表示地面点的平面位置。（　　　）

4. 建筑图纸上基础标高为 −3.000m，指的是绝对高程。（　　　）

5. 两点高差的大小与起算高程的基准面无关。（　　　）

6. 代替地球形体的测量基准面叫大地水准面。（　　　）

7. 确定地面点高程，主要的测量工作是测高差。（　　　）

8. 高程测量不能用水平面代替水准面。（　　　）

9. 施工测量的精度则由测设对象，即建筑物、构筑物的大小、材料、用途、施工方法等因素决定。（　　　）

10. 施工测量对工程质量影响很大，测量成果的精度必须符合设计和工程质量要求。（　　　）

二、单项选择题：

1. 测量工作中采用的平面直角坐标系，规定东西方向为横轴并记为（　　　）。

A. Y 轴；Y 轴向东为正，向西为负　　　B. Y 轴；Y 轴向西为正，向东为负

C. X 轴；X 轴向东为正，向西为负　　　D. X 轴；X 轴向西为正，向东为负

2. 建筑设计和施工的过程中，为了计算方便，通常把建筑物（　　　）。

A. 室内第一层门坎假设为 ±0.000　　　B. 龙门板假设为 ±0.000

C. 基础开挖假设为 ±0.000　　　　　D. 首层室内地坪假设为 ±0.000

3. 测量工作中采用的平面直角坐标系统的坐标轴和它的象限编号顺序是（　　　）。

A. 纵轴为 Y 轴，横轴为 X 轴，象限按顺序针编号

B. 纵轴为 X 轴，横轴为 Y 轴，象限按逆时针编号

C. 纵轴为 X 轴，横轴为 Y 轴，象限按顺时针编号

D. 纵轴为 Y 轴，横轴为 X 轴，象限按逆时针编号

4. 两点间的绝对高程之差与相对高程之差是（　　　）。

A. 相等的　　　　B. 不等的　　　　C. 近似的　　　　D. 差个常数

三、多项选择题：

1. 建筑工程测量的主要任务是（ ）。

A. 测绘大比例尺地形图　　　　　B. 用图

C. 建筑物施工放样　　　　　　　D. 建筑物变形监测

2. 确定地面点位的基本要素是（ ）。

A. 水平距离　　　B. 水平角　　　C. 高程　　　D. 方位角

四、思考题：

1. 建筑工程测量的任务和作用是什么？

2. 什么是大地水准面？我国的大地水准面是如何确定的？大地水准面在测量学中有何用途？

3. 怎样确定地面点的平面位置和高程位置？

4. 测量学中的平面直角坐标系与数学中的平面直角坐标系有何不同点？

5. 确定地面点位必须测量的三个基本要素是什么？

6. 测量工作的基本原则是什么？

7. 什么是控制测量和碎部测量？两者有什么关系？

第二章

水 准 测 量

确定地面点高程的测量工作称为高程测量。由于所使用的仪器和施测方法不同，高程测量主要分为水准测量、三角高程测量、气压高程测量及流体静力水准测量和GPS高程测量等。水准测量是高程测量中用途广、精度高、最常用的方法。

✎ 第一节 水准测量原理

一、高差法

2-1

如图2-1所示，欲测出B点的高程H_B，在已知高程点A和待求高程点B上分别竖立水准尺，利用水准仪提供的水平视线在两尺上分别读数a、b。a、b的差值就是A、B两点间的高差，即：

$$h_{AB} = a - b \tag{2-1}$$

根据A点的高程H_A和高差h_{AB}，就可计算出B点的高程

$$H_B = H_A + h_{AB} \tag{2-2}$$

式（2-2）是直接利用高差h_{AB}计算B点高程的方法称高差法。

水准测量是有方向的，如图2-1中的箭头所示，是从已知高程的点A向未知高程点B进行，则A点为后视点，A点水准尺上读数a为后视读数，B点为前视点，B点尺上读数b为前视读数。高差等于后视读数减去前视读数，不能颠倒。$a>b$高差为正，说明B点比A点高；$a<b$高差为负，说明B点比A点低。高差h_{AB}是有正负之分的，根据H_A和h_{AB}推算H_B时，h_{AB}应连同符号一并运算。在书写h_{AB}时，须注意h的下标，h_{AB}是表示B点对于A点的高差。由此可见，A、B两点的高差与B、A两点的高差，绝对值相等、符号相反，即

$$h_{AB} = -h_{BA}$$

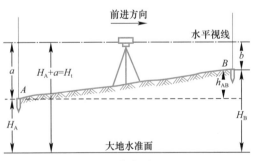

图2-1 水准测量原理

二、仪高法

除了高差法外，施工测量中经常采用仪器视线高 H_i 计算 B 点高程，称仪高法。即：

视线高程　　　　　　　　　　　$H_i = H_A + a$　　　　　　　　　　（2-3）

B 点高程　　　　　　　　　　$H_B = H_i - b$　　　　　　　　　　（2-4）

当安置一次仪器要求测出若干个前视点的高程时，应采用仪高法比较简便，在建筑工程测量中被广泛应用。

综上所述，水准测量是利用水准仪和水准尺，根据水平视线原理测定两点间高差的测量方法。如果视线不水平，上述公式不成立，测算将发生错误。因此，使望远镜视线水平是水准测量中要时刻牢记的关键操作。

第二节　水准测量的仪器和工具

为水准测量提供水平视线并在水准尺上读数的仪器称为水准仪。水准仪的种类、型号很多，按其精度可分为 DS_{05}、DS_1、DS_3 等型号。我国建筑工程测量中广泛使用的是 DS_3 型微倾式水准仪。"D"和"S"其分别为"大地测量"和"水准仪"的汉语拼音的第一个字母，其下标"3"是该类仪器每公里水准测量高差中数偶然中误差，以毫米计。"微倾式"是指仪器上装置了微倾螺旋和复合棱镜系统。使用微倾螺旋并借助复合棱镜系统，可以使望远镜微小仰俯，以达到使仪器快速提供水平视线的目的。下面主要介绍 DS_3 型微倾式水准仪。

一、DS_3 型微倾式水准仪的构造

图 2-2 是国产的 DS_3 型微倾式水准仪，主要由望远镜、水准器、基座三部分组成。

（一）望远镜

望远镜的作用是准确瞄准目标并在水准尺上进行读数。它主要由物镜、目镜、调焦透镜和十字丝分划板组成。各部件的主要作用是：

物镜——使瞄准的物体在镜筒内成像；

目镜和目镜对光螺旋——使十字丝分划清晰并放大十字丝平面上的成像，供观测者清楚地观测目标的成像；

调焦透镜和物镜对光螺旋——转动物镜对光螺旋，移动对光透镜（凹透镜）可以使目标构成的物像，清晰地落在十字丝分划板平面上；

十字丝分划板——提供照准目标的标准。操作时，竖丝用以照准目标，中横丝用

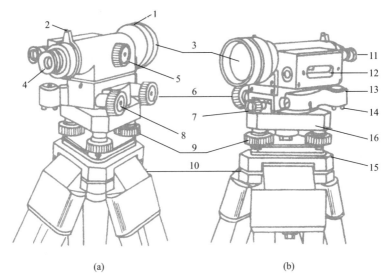

(a)   (b)

图2-2 DS₃型微倾式水准仪

1—准星；2—照门；3—物镜；4—目镜；5—物镜对光螺旋；6—微动螺旋；
7—制动螺旋；8—微倾螺旋；9—脚螺旋；10—三脚架；11—符合水准器观察镜；
12—管水准器；13—圆水准器；14—圆水准器校正螺钉；15—三角形底板；16—轴座

以截取水准尺上读数。

十字丝交点与物镜光心的连线称为望远镜的视准轴，它是瞄准目标的轴线。当视准轴水平时，通过十字丝交点看出去的视线就是水准测量原理中提到的水平视线。

（二）水准器

水准器包括圆水准器和管水准器两种，其作用是标示仪器竖轴是否竖直，视准轴是否水平。

1. 管水准器

如图2-3所示，管水准器又称水准管，是一个内壁呈圆弧状的玻璃管，圆弧半径一般为7～20mm，管内注满酒精和乙醚的混合液，加热融封，冷却后管内形成一个气泡，因气体比液体轻，故气泡永远居于管内的最高处。管壁上刻有间隔为2mm的分划线，分划线的对称中点称为水准管零点，过零点的水准管圆弧切线叫水准管轴，常用 LL 表示。当气泡居于零点平分位置时，称为气泡居中，此时 LL 处于水平位置。水准仪的望远镜和水准管是固连在一起的，而且用校正螺钉将水准管轴调节成与视准轴相互平行的位置，因此用水准管的气泡居中，说明视准轴水平。

水准管轴不水平时，气泡必移向水准管高的一端。为了表达气泡的位移值，水准管上2mm间隔的弧长（即一格）所对的圆心角，称为水准管分划值，通常用 τ 表示。τ 愈小说明水准管灵敏度愈高。DS₃型微倾式水准仪，$\tau = 20''/2mm$，就是说若水准管气泡中点偏离水准管零点位置2mm（一格），水准管轴就倾斜了20″的角值。由于水准管的灵敏度高（精度高），所以用它来置平视准轴。

为了提高目估水准管气泡居中的精度和便于观察，水准仪上装置了微倾螺旋和符合棱镜系统。借助棱镜的反射作用，把气泡两端的各半边影像反映到目镜旁的观察镜内，当两端气泡完全吻合［图2-4（c）］，表示气泡居中，水准管轴水平。若两端气泡影像相互错开［图2-4（a）（b）］表示气泡不居中，此时转动微倾螺旋，可使两端气泡影像吻合。这种装置有符合棱镜组的水准管称为符合水准器。

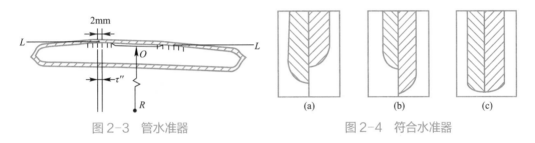

图2-3 管水准器　　　　　　　　　图2-4 符合水准器

2. 圆水准器

如图2-5所示，圆水准器又称水准盒，其内壁磨成球面，中央刻有一小圆圈，其圆心称水准盒零点。过零点的球面法线$L'L'$，称为圆水准器轴。当气泡中心与零点重合时，表示气泡居中。此时，圆水准器轴$L'L'$，处于铅垂位置。气泡中心偏离零点2mm，所对应的圆心角称为圆水准器分划值，一般为8′/2mm，由于灵敏度较低，仅能用于粗略整平仪器。用校正螺丝将圆水准器轴调节成与仪器竖轴相互平行的位置，因此用圆水准器气泡居中，说明竖轴竖直。

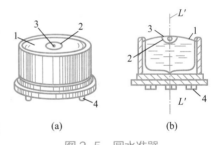

图2-5 圆水准器
1—球面玻璃盖；2—中心圆圈；3—气泡；
4—校正螺钉；$L'L'$—圆水准器轴

（三）基座

基座主要由轴座、脚螺旋、底板和三角压板组成，其作用是支撑仪器上部并用连接螺旋与三脚架连接。调节三个脚螺旋可使圆水准器气泡居中，使仪器粗略置平。

水准仪除了上述三个主要部分外，还装有制动、微动螺旋，可以使望远镜连同水准管一起沿水平方向移动。拧紧制动螺旋，望远镜就不能转动。此时转动微动螺旋，可使望远镜在水平方向作微小的转动，以利于精确照准水准尺。制动螺旋制动后，微动螺旋才起到微动作用。

二、水准尺和尺垫

（一）水准尺

水准测量使用的标尺称为水准尺，通常用干燥、优质的木材制成，也有用玻璃钢、铝合金等材料制成的。常用的是木质的塔尺和整尺（双面水准尺），如图 2-6 所示。塔

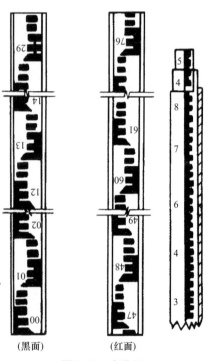

图 2-6　水准尺

尺全长 5m，由三节尺段套接而成，可以伸缩。尺的底部为零，尺面黑白格相间厘米分划。每一分米处注字一位数字，表示分米值。分米数值上的红点表示米数，例如：$\dot{5}$ 表示 1.5m，$\ddot{4}$ 表示 2.4m，$\dddot{6}$ 表示 3.6m。塔尺拉出使用时，一定要注意接合处的卡簧是否卡紧，数值是否连续。塔尺多用于建筑工程测量。

双面水准尺尺长 3m，二根尺为一对，一面是黑白格相间的厘米分划，称为黑面尺，尺底从零起算，在每一分米处注有二位数，表示从零点到此刻划线的分米值；另一面为红白格相间厘米分划，称为红面尺，尺底从 4.687m 或 4.787m 起始，也就是当视线在同一高度时，对同一根尺的黑红两面读数应相差 4.687m 或 4.787m 的常数，以此来检查读数是否正确。由于该尺整体性好，故多用于三、四等水准测量。

（二）尺垫

如图 2-7 所示。中间有凸起的圆顶，下面有三个尖脚。在土质松软地段进行水准测量时，要将三个尖脚牢固地踩入地下，然后将水准尺立于圆顶上。因此，尺垫仅限于高程传递的转点上使用，以防止水准尺下沉。

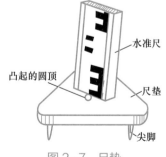

图 2-7　尺垫

三、水准仪的使用

2-2

在一个测站上水准仪的基本操作程序为安置仪器、粗略整平、对光和照准、精平与读数。

（一）安置仪器

抽出三条活动架腿，使脚架高度适中（与观测员身高相适应），目估架头大致水平，牢固地架设在地面上。从箱内取出仪器，仪器上架时，应将仪器基座连接板与三脚架头边对齐，用连接螺旋固连在三脚架上。

（二）粗略整平

简称粗平，是转动三个脚螺旋使圆水准器气泡居中，达到使仪器竖轴竖直，仪器旋转时，为视线在各方向精密水平创造条件。

2-3

粗平的方法如图 2-8 所示：

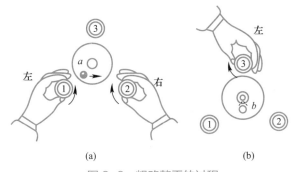

图 2-8 粗略整平的过程

（1）任意选定一对脚螺旋①、②，用双手按图上①、②脚螺旋箭头方向同时旋转这对脚螺旋，使气泡移动到①、②连线的中垂线上为止。

（2）按图上脚螺旋③的箭头方向，旋转该脚螺旋，使气泡移至圆圈中心，即达到气泡居中的目的。

粗平的规律是：气泡移动的方向与左手大拇指转动脚螺旋的方向一致。以此规律来判断脚螺旋的旋转方向，以达到使气泡迅速居中的目的。反复上述操作步骤，直至仪器旋转到任何位置气泡都居中为止。

（三）对光和照准

1. 目镜对光

调节目镜对光螺旋，使十字丝清晰。

2. 概略照准（粗瞄）

松开制动螺旋，转动望远镜，用望远镜上的准星和照门（缺口）瞄准水准尺，然后旋紧制动螺旋。

3. 物镜对光

转动物镜对光螺旋，使水准尺成像清晰。

4. 精确照准（精瞄）

转动微动螺旋，使十字丝纵丝照准水准尺边缘或纵丝平分水准尺，如图 2-9 所示，以利于用中横丝的中央部分截取水准尺读数。

5. 消除视差

眼睛在目镜端稍作上、下移动，若发现十字丝中横丝在水准尺上的读数也随之变动，这种现象称为视差，如图 2-10 中的（a）、（b）所示，物像未落在十字丝分划板平面上。视差对照准和读数影响很大，故在读数前必须予以消除。消除的方法是仔细重新进行物镜对光，如果仍然不能消除，须再重新进行目镜对光，直至成像清晰、读数不变为止。如图 2-10 中的（c）所示。

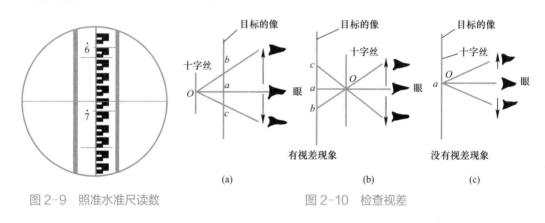

图 2-9　照准水准尺读数　　　　　图 2-10　检查视差

（四）精平与读数

2-4

转动微倾螺旋使符合水准器的气泡吻合，表明视线精确水平，随即可以读数。

精平的规律是：观察镜中左侧的半像移动方向与右手大拇指转动微倾螺旋的方向一致，如图 2-11 所示。

精平是带方向性的，照准方向略有改变，符合气泡就会相互错开。因此，望远镜转到另一个方向继续读数时，必须重新精平后才能再读数。切忌转动脚螺旋。

精平后用十字丝的中横丝在水准尺上截取读数，如图 2-9 所示的读数为 1.685m，估读到毫米。读数时无论在望远镜中出现正像

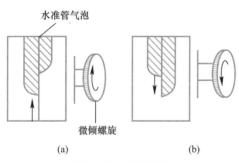

图 2-11　精确整平

尺或是倒像尺，一律是按照由小往大的数值方向读。

应当注意的是：读数前后都要检查符合气泡是否吻合，即精平后读数，读数后再检查精平，必须保证视线水平时读数。

第三节 水准测量的施测方法

一、水准点和水准路线

（一）水准点

用水准测量方法测定的高程控制点称为水准点，简记 BM。水准点可作为引测高程的依据。水准点有永久性和临时性两种。永久性水准点是国家有关专业测量单位，按统一的精度要求在全国各地建立的国家等级的水准点。建筑工程中，常需要设置一些临时性的水准点，这些点可用木桩打入地下，桩顶钉一个顶部为半球状的圆帽铁钉，也可以利用稳固的地物，如坚硬的岩石、房角等，作为高程起算的基准。为了便于引测和寻找，各等级的水准点应绘制点之记（点位略图），必要时设置指示桩。

（二）水准路线

由一系列水准点间进行水准测量所经过的路线，称为水准路线。根据测区情况和作业要求，水准路线可布设成下列几种基本形式：

1. 闭合水准路线

只从一个水准点出发，沿测线测定若干个待测点高程后，再回到原水准点。形成环形的水准路线，如图 2-12（a）所示。

2. 附合水准路线

在两个已知点之间布设的水准路线，如图 2-12（b）所示。

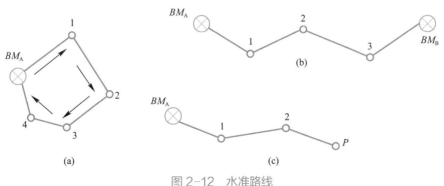

图 2-12 水准路线

3．支水准路线

由一个已知水准点出发，而另一端为未知点的水准路线。该路线既不自行闭合，也不附合到其他水准点上，如图2-12（c）所示。为了成果检核，支水准路线必须进行往、返测量。

二、水准测量的施测方法、记录与计算

（一）简单水准测量的施测方法

一个测站的基本操作程序是：

（1）在两点之间前、后视距大致相等处安置仪器，进行粗平。

（2）瞄准水准点（后视点）上的水准尺，精平后用中横丝读数（后视读数）。

（3）松开制动螺旋，瞄准待定点（前视点）上所立的水准尺，精平后用中横丝读数（前视读数）。

（4）按式（2-1）～式（2-4）计算高差或视线高程，推算待定点高程，即完成一个测站的施测工作。

（二）复合水准测量的施测方法

在实际测量工作中，由于起点与终点间距离较远或高差较大，安置一个测站不能全部通视，需要把两点间距分成若干段，然后连续多次安置仪器，重复一个测站的简单水准测量过程，其观测与记录是重复性劳动。这样的水准测量称为复合水准测量，也称之为路线水准测量。其特点就是工作的连续性。如图2-13所示，由已知水准点BM_A起始，向待定高程的B点进行水准测量（若为闭合水准路线，则最后回到起始点，施测过程相似），其观测步骤如下：

（1）在离BM_A约100～200m处，选择TP_1点，在BM_A与TP_1两点上分别竖立水准

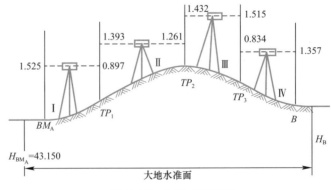

图2-13　复合水准测量

尺，在距 BM_A 点与 TP_1 点大致等距离的 I 处安置水准仪，按规定操作程序，精平后读数，BM_A 点尺上后视读数 $a_1=1.525m$，TP_1 点尺上前视读数 $b_1=0.897m$，记入测量记录手簿相应读数栏内（表 2-1），至此第 I 站的测量工作完毕。

水准测量记录手簿（高差法）　　　　　　表 2-1

测站	测点	后视读数（m）	前视读数（m）	高差（m）	高程（m）	备注
I	BM_A	1.525		0.628	43.150	已知
II	TP_1	1.393	0.897	0.132	43.778	
III	TP_2	1.432	1.261	-0.083	43.910	
IV	TP_3	0.834	1.515	-0.523	43.827	
	B		1.357		43.304	
计算检核		$\Sigma a=5.184$　　$\Sigma b=5.030$　　$\Sigma h=0.154$ $\Sigma a-\Sigma b=0.154$　$H_终-H_始=0.154$ 计算无误				

（2）观测者将仪器搬到第 II 站，将 BM_A 点尺竖立于 TP_2 上，作为第 II 站的前视尺，原 TP_1 点的尺原地不动（若移动，第 I 站的观测成果将全部报废），尺面转向仪器，即成为第 II 站的后视尺。观测者重复进行一个测站的基本操作，分别读得 $a_2=1.393m$ 和 $b_2=1.261m$，记入手簿。至此，第 II 站的测量工作完毕。依次连续逐站施测至 B 点。复合水准测量中，要选择一些转移仪器时用来传递高程的点，如图中的 TP_1、TP_2 等点，这些用于传递高程的点叫转点，用 TP 表示。转点高程的施测、计算是否正确，直接影响最后一点高程的准确，因此是有关全局的重要环节。通常这些转点均为临时选定的立尺点，并没有固定的标志，所以立尺员在每个转点必须等观测员读完前、后视读数并得到观测员允许后才能移动。对每一个测站的观测，记录员必须当场记录、计算，校核无误且各项计算都符合要求后才能通知观测员迁站。

三、水准测量的记录与计算

水准测量中，把安置仪器的位置称为测站，立尺的位置称为测点。各测站观测的后视读数、前视读数、高差的计算，高程的推算均应随测随记，并保证记录的原始性和真实性。下面介绍高差法和仪高法的记录与计算。水准测量作业中，读数和记录都以米为单位，因此记录簿上不另注明的单位都是米。

（一）高差法记录与计算

由图 2-13 可知，每安置一次仪器，便可测得一个高差，即：

$$h_1=a_1-b_1=1.525-0.897=0.628m$$

$$h_2=a_2-b_2=1.393-1.261=0.132\text{m}$$
$$h_3=a_3-b_3=1.432-1.515=-0.083\text{m}$$
$$h_4=a_4-b_4=0.834-1.357=-0.523\text{m}$$

将以上各式相加，则：
$$\Sigma h=\Sigma a-\Sigma b \tag{2-5}$$

即 A、B 两点的高差等于各段高差的代数和，也等于后视读数的总和减去前视读数的总和。根据 BM_A 点高程和各站高差，可推算出各转点高程和 B 点高程：

$$H_{TP1}=43.150+0.628=43.778\text{m}$$
$$H_{TP2}=43.778+0.132=43.910\text{m}$$
$$H_{TP3}=43.910-0.083=43.827\text{m}$$
$$H_B=43.827-0.523=43.304\text{m}$$

分别填入表 2-1 相应栏内。

最后由 B 点高程 H_B 减去 A 点高程 H_A，应等于 Σh，即

$$H_B-H_A=\Sigma h \tag{2-6}$$

因而有
$$\Sigma a-\Sigma b=\Sigma h=H_终-H_始 \tag{2-7}$$

（二）仪高法记录与计算

仪高法的施测步骤与高差法基本相同，如图 2-14 所示，在施工测量过程中，有一些点只需要测定其自身高程，而不用它来传递高程，这样的点称为中间点，从表 2-2 中看出，中间点只有前视读数而无后视读数。

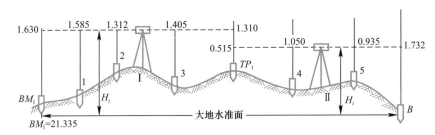

图 2-14 仪高法

仪高法的计算方法与高差法不同，须先计算仪高 H_i，再推算前视点和中间点的高程，如表 2-2 所示。为了防止计算上的错误，对表 2-2 还应进行计算检核，方法是：

$$\Sigma a-\Sigma b（不包括中间点）=H_终-H_始 \tag{2-8}$$

注意：在计算 Σb 时，应剔除中间点读数。

水准测量记录手簿（视线高法） 表2-2

测点	后视读数（m）	视线高（m）	前视读数		高程（m）	备注
			转点	中间点		
BM_1	1.630	22.965			21.335	
1				1.585	21.380	
2				1.312	21.653	
3				1.405	21.560	
TP_1	0.515	22.170	1.310		21.655	
4				1.050	21.120	
5				0.935	21.235	
B			1.732		20.438	
检核	$\Sigma_后=2.145$ $\Sigma_前=3.042$（不包括中间点） $\Sigma_后-\Sigma_前=-0.897$ $H_终-H_始=20.438-21.335=-0.897$					

四、水准测量的检核

外业观测结束后，应立即认真检查、校核以确保记录、计算正确无错。《工程测量标准》GB 50026—2020明确阐明对工程中引用的测量成果资料进行严格的检核是工程测量作业的一项必要环节和重要工作内容。

（一）计算检核

式（2-7）和式（2-8）分别为记录中的计算检核式，若等式成立，说明计算正确，否则说明计算有错误。

（二）测站检核

计算检核只能发现和纠正记录手簿中计算工作中的错误，不能发现观测、记录中存在的问题。水准测量连续性很强，一个测站的误差若有错误，对整个水准测量成果都有影响，为保证每一个测站工作的正确性，需要进行测站校核。测站检核就是要检核测站高差观测中的错误。常用的方法有双仪高法和双面尺法、双测站法三种。

1. 双仪高法

在同一个测站上，第一次测定高差后，变动仪器高度（大于0.1m以上），再重新安置仪器观测一次高差。两次所测高差的绝对值不超过5mm（四等水准测量），则取两次高差的平均值作为该站的高差，若超过5mm，则需重测。

2. 双面尺法

在同一个测站上，仪器高度不变，分别利用黑、红两面水准尺测高差，若两次高差之差的绝对值不超过 5mm（四等水准测量），则取平均值作为该站的高差，否则重测。

3. 双测站法测定

同时用两台水准仪观测相同的两点的高差，两台仪器测得的高差绝对值不超过 5mm（四等水准测量），则取两次高差的平均值作为该站的高差，否则重测。

（三）路线成果检核

测站检核，只能检核单个测站的观测精度，至于转点位置变动、仪器误差、估读误差，外界环境的影响等，虽然在一个测站上反映不明显，但这些误差积累的结果会影响整个路线成果的精度，为了正确评定一条水准路线的测量成果精度，因此必须进行路线成果的检核。检核的方法是将路线观测高差的代数和值与理论高差值相比较，其差值称为高差闭合差，用来检查错误和评定水准路线成果的测量精度是否合格。成果检核的方法，因水准路线布设形式不同而异，主要有以下几种：

1. 闭合水准路线

路线各段高差代数和的理论值应等于零（$\Sigma h_{理}=0$），但实际上由于各站观测高差存在误差，致使各段观测高差的代数和不等于零（$\Sigma h_{测} \neq 0$），则产生了高差闭合差，用 f_h 表示，即：

$$f_h = \Sigma h_{测} \qquad\qquad (2-9)$$

2. 附合水准路线

路线上各段高差代数和的理论值应等于两个水准点间的已知高差（$\Sigma h_{理}=H_{终}-H_{始}$），同样由于有测量误差，致使各段观测高差的代数和不等于理论值（$\Sigma h_{测} \neq \Sigma h_{理}$），则产生高差闭合差，即

$$f_h = \Sigma h_{测} - (H_{终} - H_{始}) \qquad\qquad (2-10)$$

3. 支水准路线

支水准路线自身没有检核条件，通常用往、返测量方法进行路线成果的检核。路线上往、返测高差的绝对值应相等，若不等，其差值为高差闭合差。

即
$$f_h = \left| \Sigma h_{往} \right| - \left| \Sigma h_{返} \right| \qquad\qquad (2-11)$$

第四节　水准测量的内业计算

水准测量成果计算的任务，是计算水准测量的高差闭合差，符合要求时，应合理地调整闭合差，并计算各待定点的高程。

一、水准测量的精度要求

工程测量规范中，对不同等级水准测量的高差闭合差都规定了一个容许值范围，用它来检核观测成果的可靠程度，各等级的限差规定见表2-3。

高差闭合差的容许值　　　　表2-3

等级	容许高差闭合差	主要应用范围举例
三等	$f_{h容}=\pm12\sqrt{L}$mm(平地) $f_{h容}=\pm4\sqrt{n}$mm(山地)	场区的高程控制网
四等	$f_{h容}=\pm20\sqrt{L}$mm(平地) $f_{h容}=\pm6\sqrt{n}$mm(山地)	普通建筑工程、河道工程用于立模，填筑放样的高程控制点
五等	$f_{h容}=\pm30\sqrt{L}$mm(平地)	铁路、一般公路的高程控制
图根	$f_{h容}=\pm40\sqrt{L}$mm(平地) $f_{h容}=\pm12\sqrt{n}$mm(山地)	小测区地形图测绘的高程控制山区道路、小型农田水利工程

注：1. 表中图根通常是指普通（或等外）水准测量。
　　2. 表中 L 为水准路线单程长度，以公里计；n 为单程测站数。
　　3. 每公里测站数多于15站，用相应项目后面的公式以测站 n 计。

二、附合水准路线的成果计算

如图2-15所示，拟从水准点 BM_1 开始，经 A、B、C、D 四个待定点后，附合到另一个水准点 BM_2 上，现用图根水准测量的方法进行观测，各段观测高差、距离及起、终点高程均注于图上，图中箭头表示测量前进方向。现按如下步骤计算各待定点的高程，并将计算结果记入表2-4中。

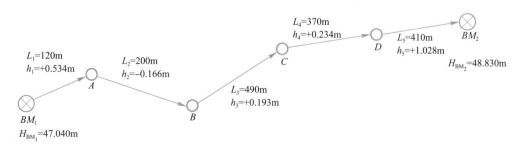

图2-15　附合水准路线简图

附合水准路线成果计算表　　　　　　　　　　表 2-4

测段编号	点名	距离（m）	实测高差（m）	改正数（m）	改正后高差（m）	高程（m）	备注
1	BM_1	120	+0.534	−0.002	+0.532	47.040	已知
2	A	200	−0.166	−0.004	−0.170	47.572	
3	B	490	+0.193	−0.010	+0.183	47.402	
	C					47.585	
4	D	370	+0.234	−0.008	+0.226	47.811	
5	BM_2	410	+1.028	−0.009	+1.019	48.830	与原已知高程相等
Σ		1590	+1.823	−0.033	+1.790		
辅助计算							

辅助计算：

$$f_h = \sum h_{测} = -(H_{终} - H_{始}) = 1.823\text{m} - 1.790\text{m} = +0.033\text{m}$$

$$f_{h容} = \pm40\sqrt{L}\,\text{mm} = \pm40\sqrt{1.590}\,\text{mm} = \pm50\text{mm}$$

$$|f_h| < |f_{h容}|\ \text{精度合格}\quad V = -f_h/\sum L = -0.033/1590 = -0.00002$$

1. 将观测数据和已知数据填入计算表（表 2-4）

将各测点、各段距离、实测高差及水准点 BM_1 和 BM_2 的已知高程填入表 2-4 相应各栏内。

2. 计算高差闭合差

按式（2-10）计算：$f_h = \sum h_{测} - (H_{终} - H_{始}) = 1.823\text{m} - (48.830\text{m} - 47.040\text{m}) = +0.033\text{m}$

3. 计算高差闭合差的容许值

根据表 2-3 计算图根水准测量的容许限差，算例中 $f_{h容} = \pm40\sqrt{1.590}\,\text{mm} = \pm50\text{mm}$，由于 $|f_h| < |f_{h容}|$ 故精度合格，可进行高差闭合差的调整（允许施加高差改正数）。

4. 调整高差闭合差

调整方法是给每段高差施加一个改正数。调整时，将闭合差以相反的符号，按与测段长度（或测站数）成正比例分配到各段高差中去。在同一水准路线上，使用相同的仪器、工具，每个测站上人的主观因素和外界条件，对观测精度的影响基本相同，因此可以认为，每一个测站的观测误差大致相等。因此闭合差的调整原则是：将闭合差的相反数，按测站数或路线长度成正比例地分配到各测段的高差之中，即

$$V_i = -\frac{f_h}{\sum n} \times n_i$$

或

$$V_i = -\frac{f_h}{\sum L} \times L_i$$

式中　V_i——第 i 测段的高差改正数；

　　　　n_i——第 i 段的测站数；

　　　　$\sum n$——水准路线全线路的测站数之和；

L_i——第 i 段的水准路线长度；

ΣL——水准路线全线路长度即各测段水准路线长度之和。

表 2-4 中各段高差改正数分别为：

$$V_1 = -0.033/1590 \times 120 = -0.002\text{m}$$
$$V_2 = -0.033/1590 \times 200 = -0.004\text{m}$$
$$V_3 = -0.033/1590 \times 490 = -0.010\text{m}$$
$$V_4 = -0.033/1590 \times 370 = -0.008\text{m}$$
$$V_5 = -0.033/1590 \times 410 = -0.009\text{m}$$

对于普通水准测量，改正数计算凑整至毫米即可。

将各段改正数填入表 2-4 中改正数栏内。改正数总和应与闭合差大小相等，符号相反，即 $\Sigma V = -f_h$，以此作为改正数计算的检核（作为计算中的第一次检核）。

5. 计算改正后高差

各段实测高差加上相应的改正数，得改正后的高差，表 2-4 中各段改正后高差为：

$$h_{1\text{改}} = 0.534 + (-0.002) = 0.532\text{m}$$
$$h_{2\text{改}} = -0.166 + (-0.004) = -0.170\text{m}$$
$$h_{3\text{改}} = 0.193 + (-0.010) = 0.183\text{m}$$
$$h_{4\text{改}} = 0.234 + (-0.008) = 0.226\text{m}$$
$$h_{5\text{改}} = 1.028 + (-0.009) = 1.019\text{m}$$

分别填入表 2-4 中改正后高差栏内。改正后高差的代数和应等于高差的理论值，以此作为高差计算的检核（作为计算中的第二次检核）。

6. 计算待定点的高程

根据 BM_1 点的已知高程和各段改正后的高差，按顺序逐点推算各待定点高程，填入表高程栏内。表 2-4 中各待定点高程分别为：

$$H_A = 47.040 + (+0.532) = 47.572\text{m}$$
$$H_B = 47.572 + (-0.170) = 47.402\text{m}$$
$$H_C = 47.402 + (+0.183) = 47.585\text{m}$$
$$H_D = 47.585 + (+0.226) = 47.811\text{m}$$
$$H_{BM_2} = 47.811 + (+1.019) = 48.830\text{m}$$

推算出的终点高程应与该点的已知高程一致，以此作为高程计算的检核（作为计算中的第三次检核）。

三、闭合水准路线的成果计算

如图 2-16 所示，水准点 BM_A 的高程为 27.015m，1、2、3、4 点为待定高程点。

现用图根水准测量的方法进行观测，各测段高差、距离如图所示，图中箭头表示水准测量进行方向。

闭合水准路线的成果计算步骤与附合水准路线相同。首先按式（2-9）计算高差闭合差 f_h。闭合差的容许值及调整方法均与附合水准路线相同。计算结果见表2-5。

闭合水准路线成果计算表   表2-5

测段编号	点名	距离（km）	实测高差（m）	改正数（m）	改正后高差（m）	高程（m）	备注
1	BM_A	1.1	+3.241	0.005	+3.246	27.015	已知
2	1	0.7	−0.680	0.003	−0.677	30.261	
3	2	0.9	−2.880	0.004	−2.876	29.584	
4	3	0.8	−0.155	0.004	−0.151	26.708	
5	4	1.3	+0.452	0.006	+0.458	26.557	与已知高程相等
Σ	BM_A	4.8	−0.022	+0.022	0	27.015	
辅助计算		$f_h = \sum h_{测} = -0.022\text{m}$ $f_{h容} = \pm40\sqrt{4.8}\text{mm} = \pm87\text{mm}$ $\lvert f_h \rvert < \lvert f_{h容} \rvert$ 精度合格 $V = -f_h/\sum L = 0.0046\text{m/km}$						

四、支水准路线的成果计算

如图 2-17 所示，已知水准点 A 的高程为 45.396m，往返测站各为 15 站，其观测成果见图示，图中箭头表示水准测量往测方向。成果计算方法如下：

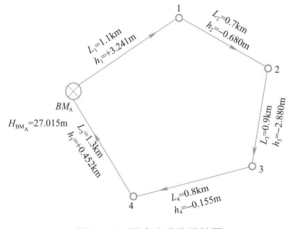

图 2-16　闭合水准路线简图

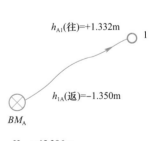

图 2-17　支水准路线简图

1. 计算高差闭合差

按式（2-11）计算高差闭合差 $f_h=|1.332|-|-1.350|=-0.018m$

2. 计算高差闭合差的容许值

闭合差容许值 $f_{h容} = \pm12\sqrt{15}mm = \pm46mm$ $|f_h| < |f_{h容}|$ 说明精度合格

3. 计算改正后高差

支水准路线，取各测段往测和返测高差绝对值的平均值即为改正后高差，其符号以往测高差符号为准。即 $h_{A1} = \dfrac{|h_{往}| + |h_{返}|}{2} = \dfrac{1.332 + 1.350}{2} = 1.341m$

闭合水准路线和支水准路线，如果抄错起始水准点的已知高程，或起始水准点位移，通常不能及时发现，由此而引起各待定点高程的错误，故布置时要注意。

第五节　微倾式水准仪的检验与校正

一、水准仪的四条轴线

如图 2-18 所示，微倾式水准仪有四条主要轴线：望远镜视准轴 CC、水准管轴 LL、圆水准器轴 $L'L'$ 和仪器竖轴 VV。

二、轴线之间应满足的几何条件

（1）圆水准器轴应平行于竖轴，即 $L'L'//VV$。

（2）水准管轴应平行于视准轴，即 $LL//CC$。

（3）十字丝横丝垂直于竖轴即十字丝横

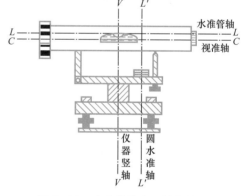

图 2-18　水准仪的主要轴线关系

丝 $\perp VV$，当竖轴铅垂后十字丝横丝即处于水平，横丝上任何位置的读数均相同。

仪器出厂时，上述几何条件均能满足，但经过长期使用或运输过程的振动等客观因素的影响，轴线间的几何关系会受到破坏，因此为保证测量成果的精度，测量之前必须对所用仪器进行检验校正。

三、水准仪的检验与校正

（一）一般性的检验

水准仪检验校正之前，应先进行一般性的检验，检查各主要部件是否能起有效的作用。安置仪器后，检验望远镜成像是否清晰，物镜对光螺旋和目镜对光螺旋是否有效，制动螺旋、微动螺旋、微倾螺旋是否有效，脚螺旋是否有效，三脚架是否稳固等。若发现有故障应及时修理。

（二）轴线几何条件的检验与校正

1. 圆水准器轴应平行于竖轴（$L'L'\ /\!/\ VV$）

检验方法：安置仪器后，转动脚螺旋使圆水准器气泡居中，如图 2-19（a）所示，此时，圆水准器轴处于铅垂。然后将望远镜绕竖轴旋转 180°，如果气泡仍居中，说明条件满足。如果气泡偏离中心，如图 2-19（b）所示，则需要校正。

校正：首先转动脚螺旋使气泡向中心方向移动偏距的一半，即 VV 处于铅垂位置，如图 2-19（c）所示。其余的一半用校正针拨动圆水准器的校正螺丝使气泡居中，则 $L'L'$ 也处于铅垂位置，如图 2-19（d）所示，则满足条件 $L'L'\ /\!/\ VV$。

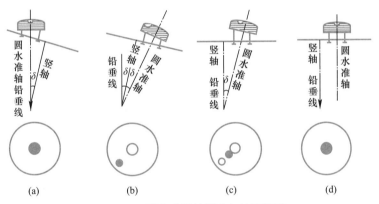

图 2-19 圆水准器的检验与校正原理

圆水准器下面有一个中心固定螺丝，在拨动校正螺丝之前，应先稍松该螺丝后再按照圆水准器粗平的方法，用校正针拨动相邻的两个，再拨动另一个校正螺丝，使气泡居中。

该项校正一般都难以一次完成，因为校正量是目估的（气泡偏距的一半），则需反复检校，直到仪器旋转到任何方向，气泡均基本居中为止。校正完毕后务必将中心固定螺丝拧紧。

2. 十字丝横丝应垂直于竖轴（十字丝横丝 $\perp VV$）

检验方法：整平仪器后用十字丝横丝的一端对准一个清晰固定点 M，如图 2-20（a）所示，旋紧制动螺旋，再用微动螺旋，使望远镜缓慢移动，如果 M 点始终不离开横丝，如图 2-20（b）所示，则说明条件满足。如果离开横丝，如图 2-20（d）所示，则需要校正。

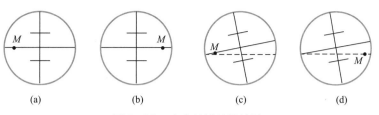

图 2-20 十字丝横丝的检验

校正方法：旋下十字丝护罩，松开十字丝分划板座固定螺丝，微微转动十字丝环，使横丝水平（M 点不离开横丝为止），然后将固定螺丝拧紧，旋上护罩。

此项误差不明显时，可不必进行校正。实际工作中利用横丝的中央部分读数，以减少该项误差的影响。

3. 水准管轴应平行于视准轴（$LL//CC$）

检验方法：如图 2-21（a）所示，在较平坦地段，相距约 80m 左右选择 A、B 两点，打下木桩标定点位，并立水准尺。用皮尺丈量定出 AB 的中间点 M，并在 M 点安置水准仪，用双仪高法两次测定 A 至 B 点的高差。当两次高差的较差不超过 3mm 时，取两次高差的平均值 $h_{平均}$ 作为两点高差的正确值。由图 2-21（a）可以看出：LL 不平行 CC，其交角 i 所产生的读数误差大小与仪器到水准尺的距离成正比（图中仪器置前、后视水准尺等距离处时，前、后视的读数偏离水平的 x 值相等），则 $h_{AB}=(a_1-x)-(b_1-x)=a_1-b_1$。

然后将仪器置于距 A（后视点）2～3m 处，再测定 AB 两点间高差，如图 2-21（b）所示。因仪器离 A 点很近，故可以忽略 i 角对 a_2 的影响，A 尺上的读数 a_2 可以视为水平视线的读数。因此视线水平时的前视读数 b_2 可根据已知高差 $h_{平均}$ 和 A 尺读数 a_2 计算求得：$b_2=a_2-h_{AB}$ 如果望远镜瞄准 B 点尺，视线精平时的读数 b_2' 与 b_2 相等，则条件满足，如果 $i''=\dfrac{b_2'-b_2}{D_{AB}}=\times p''$ 的绝对值大于 20″ 时，则仪器需要校正。

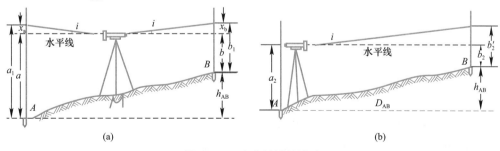

图 2-21 水准管轴的检验

校正：转动微倾螺旋使横丝对准的读数为 b_2，然后放松水准管左右两个校正螺丝，再一松一紧调节上、下两个校正螺丝，使水准管气泡居中（符合），最后再拧紧左右两个校正螺丝，此项校正仍需反复进行，直至达到要求为止。

上述检校次序不能颠倒，否则彼此有影响，达不到检校目的。校正时切记：校正原理要弄清，校正动作慎又轻，先松后紧防损坏，校后尚需再复检，最后勿忘将松开的校正螺丝旋紧。

《工程测量标准》GB 50026—2020 中明确阐述，测量仪器是工程测量的主要工具，良好的运行状态对工程测量起到至关重要的作用，要求对测量仪器和相关设备要加强管理，定期检定。

第六节 水准测量误差及注意事项

一、仪器、工具误差及注意事项

1. 视准轴与水准管轴不平行的误差

仪器经过校正，还会有两轴不平行的残余误差。这项误差的大小是与仪器至标尺的距离成正比增加的，所以在观测时采用前、后视距相等的方法，可减弱或消除此项误差影响。

2. 水准尺的误差

这项误差包括尺长误差、分划误差和零点误差。对于尺长误差和分划误差不符合规定要求的尺，均不能使用。水准尺底端磨损或底部粘上泥土，致使尺底的零点位置发生改变，称为水准尺零点误差。测量时由于用的一副（二根）尺，尺底磨损情况不同，因此引起一副尺零点差，测量过程中，用两根尺交替作为后视尺或前视尺，并在每测段设置偶数站施测，则可消除此项误差的影响。当使用塔尺时，要注意检查接头处是否完全拉出，或拉出后是否又向下滑落。

二、观测误差及注意事项

1. 水准管气泡未严格居中

气泡未严格居中，是由于操作不认真和人眼鉴别能力有限等原因造成的。因此每次读数前都要仔细使水准管气泡精确居中，并且立即读数。精平操作要仔细。

2. 估读水准尺的读数误差

此项误差除与人眼分辨能力有关外，还与望远镜放大率和照准目标的距离有关。实验证明，视线长度在 75～80m 范围内，望远镜放大率不小于 30 倍，可保证估读精度达到 1mm。在施测中应遵循不同等级的水准测量，对望远镜放大率和最大视线长度的规定。

3. 视差未消除

由于存在视差，对读数会带来很大误差，只要将物镜和目镜再次仔细对光，直至消除视差为止。

4. 水准尺倾斜的误差

水准尺左右倾斜，观测者在望远镜中很容易发现并能及时纠正。水准尺前后倾斜，在望远镜中不易发现，由此带来的读数误差较大。读数时将水准尺前后慢慢俯仰，望远镜内看到尺上读数随之变化，当尺子扶直时，读数最小，所以应读最小的数。水准测量时，水准尺前后倾斜会使读数增大，因此水准测量时，扶尺必须认真，使尺既直又稳，并注意勿使手遮蔽尺面，以免妨碍工作。

三、外界条件的影响及注意事项

（1）地球曲率和大气折光的影响，可以采用等距离观测法来削弱。

（2）当水准管受到烈日的直接照射时，气泡会向温度高的方向移动，因此影响视线的精密水平，所以烈日下作业应撑伞遮阳避免气泡不稳。

（3）当风力较大时，仪器受风的吹动，致使视线跳动引起读数误差，所以当风力超过四级时应停止施测。

为提高测量成果的精度，测量过程中对每一个数字，每一步操作，都要认真，不出差错。要认识到偶然的粗心大意就可能造成局部或全部的返工。测量工作是一项集体完成的任务，观测、记录、扶尺人员都要互相协作，紧密配合，要有团队精神。

四、测量记录与计算规则

（1）测量记录是外业观测成果的记载和内业数据处理的依据。在测量记录或计算时必须严肃认真，一丝不苟。做到随测、随记，字迹要工整。若发现有记录错误时，应将该数字用细横线划去，然后将正确数据写在其上方，决不允许涂改或伪造数据。

（2）应保持测量记录的整洁，记录的数据要写齐规定的位数。普通水准测量和距离测量以米为单位，记录要保留小数点后三位，角度测量的度、分、秒都要记录到位。

（3）每站结束后，必须在现场完成规定的计算检核，确认无误后方可迁站。

（4）数据运算取位应严格按其观测精度执行。若要求读至"mm"，必须记录到"mm"，例如：1.500m 不能记为 1.5m；表示精度或占位的"0"均不可省略。为了避免误差的迅速累积而影响观测成果的精度应根据所取的位数严格按"4 舍 6 入，5 前单进双舍"的规则进行凑整。例如：要求取位到"mm"位，则：

1.374 4m　　1.373 6m　　1.373 5m　　1.374 5m

　舍　　　　　入　　　　　进　　　　　舍

这几个数据均应记为1.374m。

第七节　自动安平水准仪、精密水准仪、数字水准仪

一、自动安平水准仪

自动安平水准仪又称补偿器水准仪，是利用光学补偿器代替了水准管，取消微倾装置。使用时，只要粗平后瞄准目标，通过补偿装置就可读得视线水平时应得的读数。

使用这种仪器测量，不仅简化了操作步骤，而且还能克服地面振动、风力等外界因素造成的影响，有利于提高观测精度。

自动安平水准仪种类很多，现将国产的DSZ3自动安平水准仪作一简要介绍，如图2-22所示。

图2-22　DSZ3自动安平水准仪

1—望远目镜；2—卡环（卡牢目镜）；3—粗瞄；4—调焦手轮；5—望远镜物镜

该仪器是中等精度的自动安平水准仪。它可用于国家三、四等水准测量，建筑工程测量，矿山测量和大型机器的安装。利用自动补偿技术，可大大提高作业效率和作业精度。仪器可在 −30～+50℃范围内正常工作。

该仪器主要由带光学自动补偿器的望远镜组成（在仪器望远镜内部的物镜和十字丝分划板之间装置一个补偿器代替水准管），补偿器采用交叉吊丝结构和有效的空气阻尼器，保证工作的可靠。补偿器工作范围可达±14′。

观测时用圆水准器使仪器粗略整平后，经过1～2s即可根据十字丝横丝直接读得

水平视线时的读数（自动安平水准仪并不是望远镜的视准轴自动处于水平位置，而是通过补偿器补偿得到视准轴水平时的读数）。当仪器有微小的倾斜变化时，补偿器能随时调整，始终给出正确的水平线读数（依然能利用十字丝横丝读出相当于视准轴水平时的尺上读数）。

仪器采用摩擦制动。水平微动采用无限（全圆）微动机构，安排在两侧的手轮分别供两只手操作。该仪器的望远镜采用正像，故水准标尺应采用正像标尺。必须强调的是水准测量的精度也取决于标尺的刻划精度，因此必须采用优质标尺。

自动安平水准仪的使用：

自动安平水准仪的操作使用与 DS_3 型微倾式水准仪的操作方法基本相同，而不同之处是自动安平水准仪不需要"精平"这一项操作。自动安平水准仪因为仅仅有圆水准器，因此，安置自动安平水准仪时，只要转动脚螺旋，使圆水准器气泡居中，补偿器就能起自动安平的作用。所以自动安平水准仪的操作程序为：

安置仪器——粗平——瞄准——读数。

当自动安平水准仪通过圆水准器粗平后，观测者在读数前应检查补偿器是否正常发挥作用。当确认视准轴倾斜角度在自动补偿范围之内，方可进行观测读数。补偿范围，一般不超过 $\pm 10^1$。

检查方法是：

补偿器检查：读数前，轻轻按一下补偿器按钮，若标尺像上、下稍微摆动，最后水平丝恢复到原来位置上，则补偿器处于正常工作状态，视为视线水平（可以读到视线水平时的读数），如果圆水准气泡偏离中心，当按下按钮，标尺像不是正常摆动，而是急促短暂的跳动，表明补偿器超出工作范围碰到限位丝，必须将仪器整平，使气泡居中。只有圆水准气泡居中，补偿器处于工作状态，才能读取横丝（水平线）在标尺上的读数。补偿器的稳定时间一般在两秒以内。

目前各生产厂家生产的自动安平水准仪，使用方法各有不同，使用时需认真阅读使用说明书。使用、携带和运输自动安平水准仪时，应尽量避免仪器有剧烈振动，以免损坏补偿器。

二、精密水准仪与水准尺

精密水准仪是能够精密确定水平视线，进行精确照准和读数的水准仪。作业时还必须有与精密水准仪配套使用的一副精密水准尺。该种水准尺的长度和分划十分准确，在外界温度、湿度有变化时，其长度也相当稳定。精密水准仪一般是指 DS_{05} 和 DS_1 型水准仪。主要用于国家一、二等水准测量和高精度的工程测量中。如桥梁工程以及建筑物的沉降观测和大型厂房的施工放样及设备安装测量等。图 2-23 是我国生产的 DS_1

型精密水准仪。

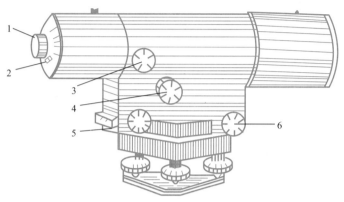

图 2-23　DS_1 型精密水准仪

1—目镜；2—测微尺读数目镜；3—物镜调焦螺旋；4—测微轮；5—微倾螺旋；6—微动螺旋

精密水准仪的构造与 DS_3 型水准仪基本相同，也是由望远镜、水准器、基座三部分组成。不同的是：

1. 水准管灵敏度高

DS_3 型水准仪水准管分划值为 20″/2mm，精密水准仪水准管分划值不大于 10″/2mm，安平精度一般不低于 ±0.2″。

2. 望远镜光学性能好

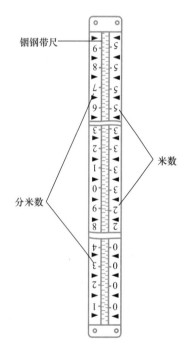

图 2-24　精密水准尺

DS_3 型水准仪望远镜放大率一般都小于 30 倍，精密水准仪的望远镜放大率不小于 40 倍，望远镜有效孔径不小于 47mm，成像清晰。

3. 结构稳定、坚固

望远镜筒和水准器套均用铟瓦合金铸造，结构坚固，密封性好，受温度变化的影响小，具有视准轴与水准管轴平行关系稳定的特点。

4. 具有测微器装置

配有最小读数为 0.05mm 的平行玻璃板测微器和楔形丝，以及与精密水准仪配套使用的精密水准尺。测量时必须使用这种精密水准尺，否则就不能体现精密水准仪的精密性能了。

图 2-24 是国产 DS_1 型水准仪配套使用的精密水准尺，该尺全长 3m，在木质尺身中间的槽内，镶嵌一铟钢带尺，带尺的底端固定，顶端用弹簧拉紧，以保持尺身

平直和不受木质尺身长度伸缩的影响。在铟钢带尺上标有左右两排分划,每排分划的最小分划值均为 10mm,两排分划彼此错开 5mm,呈交错形式。于是把两排分划合在一起,便成为左、右交替形式的分划。因此,左右分划之间的实际分划值为 5mm。铟钢带尺的右边木尺上从 0—5 注记米数,左边注记分米数。分米的分划线用大三角形标志表示,小三角形的标志表示 5cm 的分划线。尺面注记的特点是:尺面注记的各分划数值均为实际长度的 2 倍,即 5cm 的格值注记为 1 分米。因此,在尺面上读数的 1/2 才是实际读数。所以用这种尺测量高差时,须将观测高差值除以 2,才是实际高差。

精密水准仪的使用方法除读数外其余的安置、粗平、照准和精平等均与 DS₃ 型水准仪相同。只有读数方法不同。读数时,转动测微轮,直至十字丝的楔形丝精确夹住尺上就近的一条整分划(只能夹住一条整分划线),从望远镜里直接读出该分划线的读数,该整分划值。图 2-25 中为 1.97m(单位在厘米以上的读数,直接在标尺上读数),再从目镜右下方的测微尺读数窗读取测微尺读数,整分划值和对应的测微尺读数。图中为 1.50mm(单位在厘米以下的读数,在测微尺读数窗中的分划尺上读数)。水准尺的全部读数为楔形丝所夹分划线的读数与测微尺读数两部分之和,即 1.97150m。由于尺面注记为 1 厘米的实际值为 0.5 厘米,即读数需要除以 2 才是尺面上的实际读数。分微尺上的格值

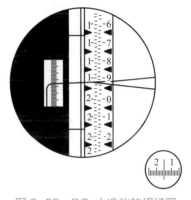

图 2-25 DS₁ 水准仪的视场图

为 0.05mm,而 10 格注记为 1mm,即读数也需要除以 2 才是分微尺上的实际读数。因此,上述读数的实际读值应为 1.97150m ÷ 2 = 0.98575m。

实际作业时,一般不需要将每一读数都除以 2 求实际值,而是将各测段的高差除以 2,求出实际高差值。

三、数字水准仪

随着光电技术的发展,目前已经有瑞士、德国、日本及我国等国生产出了数字水准仪。数字水准仪又称电子水准仪,它是在自动安平水准仪的基础上发展起来的。数字水准仪是将原有的人眼观测读数改变为由光电设备将水准尺上的代码图像用电信号传送给信息处理机。信息经处理后即可求得水平视线的水准尺数值。数字水准仪代表了水准测量发展的方向。《工程测量标准》GB 50026—2020 完善了对数字水准测量的要求,增加了自动安平水准仪、数字水准仪、DSZ 系列,并将水准仪型号改为水准仪级别。就精度而言,数字水准测量和同等级的光学水准测量的精度要求是相同的。但数字水准仪的测量精度和所配套的条码水准尺的材质是相关的,只有使用标准配套的

因瓦条码水准尺才能达到或接近数字水准测量的理论精度，当配套的水准尺为条码玻璃钢尺时，精度须降级使用。就新技术而言，新标准提倡数字水准测量。

数字水准仪的种类很多，不同厂家不同型号的仪器又各有不同。图 2-26 是我国自主知识产权生产的 DAL1528、DAL1528R 数字水准仪外观图。图 2-27 是显示屏。图 2-28 是按键。

仪器按键由 F1、F2、F3、F4 和一个电源开启键 ON 组成，F1、F2、F3、F4 的功能在仪器的显示屏上有相应的提示。仪器右侧的测量键是 F1 的联动键，用于快速启动测量操作和减少按键时仪器的振动。

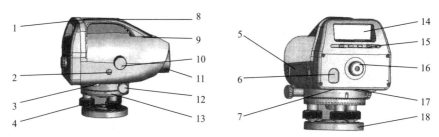

图 2-26　数字水准仪

1—粗瞄准器缺口；2—测量键；3—数据通信接口/充电器插孔；4—脚螺旋；5—电池盒；
6—圆水泡窗；7—圆水泡调整螺钉；8—粗瞄准器准星；9—提把；10—调焦手轮；
11—物镜；12—微动手轮；13—度盘；14—显示屏；15—操作按键；
16—目镜；17—i角调整螺钉；18—安平底板

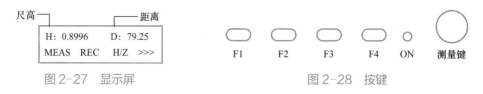

图 2-27　显示屏　　　　　　　　　　　　图 2-28　按键

该数字水准仪是中等精度的水准仪，采用特有的电子读数系统，可以使标尺读数和高程测量快捷简便，同时避免了人为读数误差。DAL1528R 型水准仪具有数据内存功能，可存储 1000 组数据，采用开放的通信方式，使数字水准仪直接与计算机进行数据传输，大大提高了工作效能和降低劳动强度。

该仪器可在 −20～+50℃温度范围内正常工作，因此广泛应用于国家控制的三、四等水准测量，地形测量及工程、矿山水准测量，水文测量，农用水准测量以及其他水准测量。

数字水准仪具有与自动安平水准仪基本相同的光学，机械和补偿器结构，但仪器内还装有图像识别器，采用图像处理技术，用光电传感器，将信号交由微处理器处理和识别供电子读数。观测值是用数字形式在显示屏上显示出来的。由于采用了图像处理技术，这样就避免了观测员人眼判读错识的产生，使标尺读数更加快捷、简便、准确。由于数字水准仪可以直接与计算机进行数据传输，因此可以实现观测数据自动记录，信息自动处理，实现了观测和数据处理的自动化。

数字水准仪，同时也是一台传统意义上的自动安平水准仪。如果使用传统的水准尺，同样可以用人眼对准水准尺进行标尺读数，但由于数字水准仪没有光学测微器，用于普通自动安平水准仪使用时，其测量精度要低于电子测量。

数字水准仪的光学及机械各部分都非常精密。正确使用及保管仪器对获得测量数据的准确性是十分重要的，因此在使用某台仪器之前要仔细阅读使用说明书的全部内容。与各型数字水准仪配套使用的专用标尺，条码图案是不相同的，都有自己的编码规律，因此不能互换使用。标尺的两面有不同的刻线，一面是条码刻划（其外形类似一般商品上使用的条码），尺面上刻有宽度不同、黑白相间的条形码，此条码相当于普通水准尺上的分划与注记，用于电子读数。如图2-29（a）所示，条码尺在望远镜视场中如图2-29（b）所示。

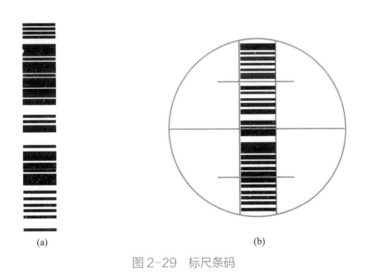

图2-29　标尺条码

另一面是普通长度单位的E型区格十线纹刻划，用于目视人工读数。所以该标尺既可以用于电子水准测量，也可以用于传统水准测量。

目前照准水准尺和调焦仍需人工目视进行。观测时将标尺立于仪器前方的观测点上，将专用标尺的条码面对着仪器。用粗瞄器照准标尺，从望远镜目镜观察标尺，旋转调焦手轮，使标尺成像清晰，这时眼睛上、下、左、右移动，目标与分划板刻线应无任何相对移动，即无视差存在，然后转动微动手轮，使分划板竖丝与标尺重合。若分划板竖丝与标尺相对倾斜，应调整标尺位置。使之与分划板竖丝重合，采用电子系统读数时，这一点尤其重要。进行标尺读数时，只要按动测量按钮ON键（启动电源开关）几秒后测量结果就会快速，自动显示在显示屏上，测量速度快捷。

如果需将本次测量结果存储，应按面板上的 F2（REC）键，进入 REC 菜单，进行电子读数及数据存储（仅 DAL1528R 具有存储功能）。

利用仪器上的 RS232-C 数据接口和随机附件数据传输线可以将仪器内部存储器的测量数据传输到计算机上，利用相应的应用软件计算并显示各测段的高差和长度、电子存档，打印输出。

仪器的操作使用：

（1）安置仪器与普通水准仪完全一致。

（2）仪器使用前应检查电池的电量情况，如果电量不足要及时充电。每次充电应将电池充足（绿色指示灯亮）。

（3）当仪器安置准备工作完成后，只要按下面板上的 ON 键（启动电源开关）即可开始电子系统读数。在显示屏上看到读数。

测量操作要领：

（1）整平仪器；

（2）十字丝清晰（十字丝成像清晰是电子系统正常读数的必要条件）；

（3）照准标尺并调焦清晰；

（4）按下测量启动键。

详细操作过程及屏幕显示如图 2-30、图 2-31 所示。

DAL1528

操作过程	显示
● 开机 按下ON键(启动电源开关)出现开机界面(右上图)，2秒后自动转换为标尺尺长改正数显示，然后显示测量主界面(右下图)。 其中： 6.2V---电源电压； MEAS---测量启动； ×43---光信号指数，当数值前出现符号"×"且指数值大于20时表明仪器信号正常，可以开始测量。	DAL1528　　　SN000001 02/07　BOIF　CHINA +0000ppm 测量主界面 ⇩ 　　　　　×43　6.2V MEAS　　　OFF　　　>>>
● 读数 按F₁(MEAS)，进行电子读数进程(上图)，读数完成后即显示测量结果(下图)。	测量进程提示界面 ■ ■ ■ □ □ 03 MEAS　　　　　　ESC

图 2-30　操作过程

| 其中：
ESC---退出测量操作，按下F4
  （ESC）键停止测量。
H---标尺高度，本次测量结果
  为0.8996m。
D---仪器中心到标尺的距离，
  本测量结果为98.25m。
H/Z---尺高/高程显示切换。 | 结果显示界面

H: 0.8996 D: 98.25
MEAS OFF H/Z >>> |

DAL1528R

操作过程	显示
● 开机 按下ON键(启动电源开关)，出现开机界面(右上图)，2秒后自动转换为测量主界面(右下图)。	DAL1528R SN000001 02/07 BOIF CHINA +0000ppm 测量主界面 ⬇ ×43 6.2V MEAS >>>
其中： 6.2V---电源电压； MEAS---测量启动； ×43---光信号指数，当数值前出现符号"×"且指数值大于20时表明仪器信号正常，可以开始测量。	
● 读数 按F1(MEAS)，进行电子读数过程(上图)，读数完成后即显示测量结果(下图)。 其中： ESC---退出测量操作，按下 F4	测量进程提示界面
（ESC）键停止测量。 H---高度读数，本次测量结果为0.8996m。 D---仪器中心到标尺的距离，本次测量结果为98.25m。 REC---数据存储。 H/Z---尺高/高程显示切换。	结果显示界面

图 2-31 屏幕显示

由于各生产厂家生产的数字水准仪不尽相同，作业时请认真阅读使用说明书。

数字水准仪的主要优点是：

（1）操作简便易学，按键少且有明确提示。不熟练的作业人员也能进行高精度测量。

（2）效率高。由于只需要调焦和按键就可以自动读数和记录（该仪器将原有的人眼观测读数，改变为由光电设备将水准尺上的代码，图像用电信号传送给信息处理机，经信息处理后，就可求得水平视线的水准尺数值和视距值）并立即用数字显示测量结果，进一步提高了水准测量的工作效率。

（3）测量速度快，简便。由于省去了报数、听记、现场计算以及人为出错的重测问题，整个观测过程快速完成。

（4）该仪器附有数据处理器及与之配套的软件，从而可将观测结果输入计算机后进行处理，可使测量工作自动化，实现内外业一体化。

💡 思考题与习题

一、判断题：

1. 水准仪的功能就是提供水平视线。（　　　）

2. 水准测量的基本原理就是利用水准仪提供的水平视线测定两点间的高差。（　　　）

3. 水准测量是高程测量中，用途广、精度高、最常用的方法。（　　　）

4. 水准仪的安置工作是指将水准仪在安置点上对中、整平。（　　　）

5. 水准测量中，当后视读数 a，大于前视读数 b 时，则高差为正。（　　　）

6. 水准测量中，高差若为正，说明该路线是上坡。（　　　）

7. 已知 A 点高程 H_A，测得 A、B 两点高差 h_{AB} 后，则 B 点的高程 $H_B=H_A+h_{AB}$。（　　　）

8. 水准路线调整闭合差时，改正数的符号应与闭合差的符号保持一致。（　　　）

9. 水准测量时，将水准仪安置在前、后视标尺的中间，目的是使估读误差相同。（　　　）

10. 自动安平水准仪的特点是用安平补偿器代替水准管。（　　　）

11. 某水准点 BM_A，它的高程为 305.360m，则表示为此点到大地水准面的铅垂距离。（　　　）

12. 已知 B 点高程为 241.000m，A、B 两点间高差 h_{AB}=+1.000m，则 A 点高程为 240.000m。（　　　）

13. 使用自动安平水准仪时，将圆水准器气泡居中后，瞄准水准尺，等待 1～2s 后即可进行读数，不需要进行精平。（　　　）

14. 水准测量中，同一测站，若后视尺读数大于前视尺读数时，说明后视点低于前视点。（　　　）

15. 测量误差大于极限误差时，被认为是错误，必须重测。（　　　）

16. 地面上两点间的高差等于两点的相对高程之差。（　　　）

17. 测量工作是一项精细的集体性工作，无论外业工作还是内业计算，每项工作都必须检查校核，前一步工作未经检查校核，不能进行下一步工作。（　　　）

18. 测绘部门在全国设置了很多水准点，这些水准点是工程建设引测绝对高程的依据。（　　）

二、单项选择题：

1. 水准测量中水准尺不垂直时，读数（　　）。
A. 变大　　　　　B. 变小　　　　　C. 不变　　　　　D. 差个常数

2. 下列数据用水准仪在某站对地面四个点测得的水准尺读数，其中最高点的读数是（　　）。
A. 0.135m　　　　B. 0.567m　　　　C. 1.274m　　　　D. 1.535m

3. 水准测量中，转点的作用是（　　）。
A. 传递高程　　　　　　　　B. 消除仪器误差
C. 安置仪器　　　　　　　　D. 消除视差

4. 产生视差的原因是（　　）。
A. 由于眼睛上、下移动引起的　　　B. 由于外界条件的影响
C. 物像与十字丝分划板面不重合　　　D. 由于大气折光引起的

三、多项选择题：

1. 水准测量测站检核的方法有（　　）。
A. 双面尺法　　　B. 双仪高法　　　C. 双测站法　　　D. 往、返两次施测

2. 测量误差来源主要有（　　）。
A. 仪器误差　　　B. 工具误差　　　C. 观测误差　　　D. 外界条件影响

3. 水准测量的检核包括（　　）。
A. 计算检核　　　B. 测站检核　　　C. 成果检核　　　D. 定向检核

四、思考题：

1. 绘图说明水准测量原理。分别写出高差法和仪高法求其待定点高程的计算公式。
2. 什么叫后视点、前视点及转点？
3. 什么叫视差？产生视差的原因是什么？如何消除视差？
4. 水准仪上的圆水准器与符合水准器各起什么作用？当圆水准器气泡居中时，符合水准器的气泡是否也吻合？为什么？

5. 在一个测站的观测过程中，当读完后视读数、继续照准前视点读数时，发现圆水准器气泡偏离零点，此时能否转动脚螺旋使气泡居中，继续观测前视点？为什么？

6. 利用脚螺旋使圆水准器气泡居中的规律是什么？

7. 简述每一个测站上水准测量的施测方法。

8. 根据表 2-6 水准测量数据，计算 B 点高程，并绘图表示地面的起伏情况。

表 2-6

测点	后视读数（m）	前视读数（m）	高差（m）		高程（m）
			+	−	
BM_1	1.325				45.032
TP_1	0.840	1.322			
TP_2	0.644	1.655			
TP_3	1.478	1.002			
B		1.850			
计算校核					

9. 调整图 2-32 所示的等外附合水准路线的观测成果，并计算各点的高程。填入表 2-7 中。

图 2-32

表 2-7

测段编号	测点	距离（m）	实测高差（m）	改正数（m）	改正后高差（m）	高程（m）	备注
1	BM_A						
2	1						
3	2						
4	3						
Σ	BM_B						
辅助计算							

10. 调整图 2-33 所示的等外闭合水准路线的观测成果，并计算各点的高程。填入表 2-8 中。

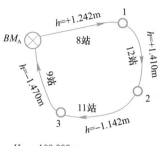

$H_{BM_A}=100.000m$

图 2-33

表 2-8

测段编号	测点	测站数	实测高差（m）	改正数（m）	改正后高差（m）	高程（m）	备注
1	BM_A						
2	1						
3	2						
4	3						
Σ	BM_A						
辅助计算							

第三章

角 度 测 量

第一节　水平角测量原理

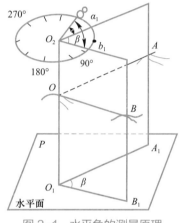

图 3-1　水平角的测量原理

水平角：测站点至两个观测目标方向线垂直投影在水平面上的夹角。如图 3-1 所示，A、O、B 是位于不同高度的三个地面点，AO、BO 是两条相交直线，将 A、O、B 三点投影在同一水平面 P 上，得到 A_1、O_1、B_1，则 A_1O_1 与 O_1B_1 的夹角即为地面上直线 AO、OB 间的水平角。从图中可以看出，地面上任意两条相交直线间的水平角 β，实质是过 OA 与 OB 两条方向线各做一竖直平面，两个竖直面间形成的两面角，即为水平角。也就是说，水平角是实地角度的水平投影。在确定点的平面位置时，需要测量水平角。

综上所述，用于测量水平角的仪器，必须具备如下要求：

（1）能安置成水平位置的且全圆顺时针注记的刻度盘（称水平度盘，简称平盘），并且圆盘的中心一定要位于所测角顶点 O 的铅垂线上。

（2）有一个不仅能在水平方向转动，而且能在竖直方向转动的照准设备，使之能在过 OA、OB 的竖直面内照准目标。

（3）应有读取读数的指标线。望远镜瞄准目标后，利用指标线读取 OA、OB 方向线在相应水平度盘上的读数 a_1 与 b_1。

水平角角值　　　　　　β= 右目标读数 b_1- 左目标读数 a_1　　　　　　　　（3-1）
若 $b_1<a_1$，则 $\beta=b_1+360°-a_1$。水平角没有负值。

根据上述原理和要求制造的测角仪器叫做经纬仪。

第二节　光学经纬仪

经纬仪的类型很多，在建筑工程测量中最常用的是 DJ_6 型（普通）和 DJ_2 型以及

DJ$_1$ 型（精密）光学经纬仪。每个等级的经纬仪由于生产厂家不同，仪器的部件、结构和读数方法也不尽相同，但仪器的主要部分构造大致相同。本章主要介绍 DJ$_6$ 型光学经纬仪的构造和使用，对 DJ$_2$ 型光学经纬仪只介绍其特点和读数方法。

一、DJ$_6$ 型光学经纬仪的构造与读数

（一）DJ$_6$ 型光学经纬仪的构造

图 3-2 是我国自主生产的 DJ$_{6-1}$ 型光学经纬仪，DJ 表示大地测量用的经纬仪"大"字与"经"字汉语拼音的第一个字母，《工程测量标准》GB 50026—2020 采用了专业人员对常规测角仪器的习惯称谓，分别命名为 0.5″ 级仪器、1″ 级仪器、2″ 级仪器和 6″ 级仪器。6 为该仪器能达到的精度指标（其主要技术参数见附录），1 表示第一型。它主要由照准部、水平度盘和基座三部分组成（图 3-3 所示）。各主要部件名称和作用如下：

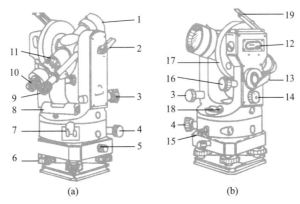

图 3-2　DJ$_{6-1}$ 型光学经纬仪

1—望远镜物镜；2—望远镜制动螺旋；3—望远镜微动螺旋；4—水平微动螺旋；5—轴座连接螺旋；
6—脚螺旋；7—复测器扳手；8—照准部水准器；9—读数显微镜；10—望远镜目镜；
11—物镜对光螺旋；12—竖盘指标水准管；13—反光镜；14—测微轮；
15—水平制动螺旋；16—竖盘指标水准管微动螺旋；17—竖盘外壳；
18—圆水准器；19—竖盘水准管反光镜

1. 照准部

照准部的主要作用是照准目标并进行读数。

（1）望远镜——构造与水准仪望远镜相同，与装在支架上的横轴垂直固连，当望远镜绕横轴旋转时，视线构成的视准面是一个竖直平面。

（2）望远镜制动螺旋——用来控制望远镜在竖直方向上的转动。

（3）望远镜微动螺旋——关紧望远镜制动螺旋，转动该微动螺旋，可使望远镜在竖直方向微动，以便精确照准目标。

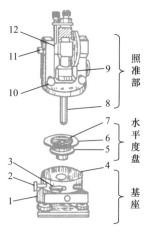

图 3-3　DJ₆₋₁ 型光学经纬仪
结构分装图

1—基座部分；2—水平微动螺旋；
3—水平制动螺旋；4—竖轴轴套；
5—金属圆盘；6—水平度盘（玻璃
度盘）；7—度盘轴套；8—竖轴；
9—支架；10—望远镜微动螺旋；
11—望远镜制动螺旋；12—横轴

（4）照准部（水平）制动螺旋——控制照准部在水平方向的转动。

（5）照准部（水平）微动螺旋——关紧照准部制动螺旋，转动该微动螺旋，可使照准部在水平方向微动，以便精确照准目标。

以上四个螺旋（两对）是照准目标用的。只有制动螺旋关紧后，相应的微动螺旋才能起作用，以利精确照准目标。

（6）竖直度盘——光学玻璃的圆环，圆环上刻有 0°～360° 的分划线，用来量度竖直角值。

（7）竖盘指标线与指标水准管——用来安置竖盘读数指标的位置。

（8）竖盘指标水准管微动螺旋——转动该螺旋可使竖盘水准管气泡居中，达到竖盘指标处于正确位置。

以上（6）、（7）、（8）三个部件是用于测量竖直角的装置。

（9）读数显微镜——用来读取度盘（水平度盘或竖直度盘）和测微分划尺的读数。

（10）测微轮——用来读取度盘上的分数和秒数。

（11）照准部水准管——用来置平水平度盘。

（12）圆水准器——用来粗略置平仪器。

（13）竖轴（又称仪器旋转轴）——装在照准部下面。竖轴插入轴套内可使照准部绕竖轴水平方向转动。

2. 水平度盘部分

水平度盘主要用来量度水平角值。

（1）水平度盘——光学玻璃的圆环，圆环上按顺时针方向刻划，注记 0°～360°，每度注有数字。根据注记可判断度盘分划值，一般为 30′ 或 1°。

（2）度盘离合器（又称复测器扳手）——用来控制水平度盘和照准部之间可以同时转或分开转，这个装置叫离合器。当离合器扳手扳上时，度盘与照准部分离，照准部单独转动，水平度盘停留不动，读数指标所指读数随照准部的转动而变化，即称"上变"。离合器扳手扳下时，度盘与照准部结合在一起，照准部转动时，水平度盘与照准部同时转动，读数不变，即称"下不变"。所以离合器扳手是按"上离下合"而起作用。

有些经纬仪是用拨盘手轮代替度盘离合器，达到度盘变位的目的。它的作用是配置度盘起始位置。该类仪器，当望远镜转动时，水平度盘不随之转动，当需要转动水平度盘时，可以拨动拨盘手轮来改变度盘位置，将水平度盘调至指定的读数位置。

3. 基座

主要用来整平和支撑上部结构。包括轴座、脚螺旋和连接板。

（1）轴座固定螺旋——是固定仪器的上部和基座的专用螺旋。使用仪器时，切勿松动此螺旋，以防仪器脱离轴座而摔落受损。

（2）脚螺旋——用来整平仪器。用三个脚螺旋使圆水准器气泡居中，达到竖轴铅垂；水准管气泡居中，达到水平度盘水平的目的。

用连接螺旋可将仪器与三脚架连接，在连接螺旋下方的垂球挂钩上挂垂球，可将水平度盘的中心安置在所测角顶点的铅垂线上。目前大多数光学经纬仪都装有光学对中器，与垂球对中相比，具有精度高和不受风吹摆动的优点。

（二）DJ₆型光学经纬仪的读数方法

光学经纬仪的水平度盘和竖直度盘的分划线，通过一系列棱镜和透镜的作用，成像在望远镜目镜旁的读数显微镜内并进行读数，小于度盘分划值（小于 30′ 或 1°）的读数是用测微器测定的。目前我国生产的 DJ$_6$ 型光学经纬仪，按其测微读数装置的类型不同，读数方法分为两种。

1. 固定式分微尺测微器读数方法

图 3-4 所示为在读数显微镜内同时看到的两个影像，上面窗口（注有水平或 H）是水平度盘刻划与分微尺刻划的影像。下面窗口（注有竖直或 V）是竖盘刻划与分微尺刻划的影像。该类仪器度盘分划值为 1°，度盘上 1° 的间隔与分微尺全长相等，分微尺全长分为 60 个小格，每一个小格分划值为 1′，可估读到 0′、1 即 6″ 的精度。每 10 小格注记一个数字，注记从 0～6 表示 10′ 的整倍数值。分微尺注记数字由小到大的方向与度盘注记增加方向相反。分微尺上零分划线是读取度盘读数的指标线。窗口中长分划线和大注字为度盘分划线和注字，短分划线和小注字为分微尺的刻划线和注字。

读数时，先读出落在分微尺上的一条度盘分划线上的注字，直接读出度盘读数。再用该分划线在分微尺上直接读出小于度盘格值（1°）的读数（分数），估读到 0′、1，最后将度盘读数加上分微尺读数即得完整读数。

读数时应遵循"由数值小到数值大"的原则。图 3-4，水平度盘读数为 206°51′30″，竖直度盘读数为 37°12′18″。该类仪器可以同时读取水平度盘与竖直度盘上的读数。

一般情况下，不会同时有两条度盘分划线落在分微尺上，极特殊情况时，若有一条度盘分划线恰好与分微尺上注记为零的分划线重合，那么另一条度盘分划线肯定恰好与分微尺上注记为6的分划线重合，此时应根据分微尺零分划线上的度盘分划线读数，其分、秒读数均为零。例如图3-4中若207°度盘分划线与分微尺零分划线重合，206°度盘分划线肯定与分微尺上6分划线重合，则度盘读数为207°00′00″（207°00′00″=206°60′00″）。

2. 单平板玻璃测微器读数方法

图3-5所示为在读数显微镜内同时看到的三个影像，上面小窗口为测微尺分划的影像，窗口上刻有一条固定不动的读数单指标线，中间窗口为竖直度盘分划的影像，下面窗口为水平度盘分划的影像，这两个窗口上均刻有固定不动的读数双指标线。该类仪器度盘分划值为30′，每度处有注字。度盘上30′的间隔与测微尺全长相等，测微尺全长30′分成30个大格，每大格的分划值为1′，每隔5′注字（0、5、10、15、20、25、30）。每大格又分成三小格，每小格分划值为20″，可估读1/4格（5″）的精度。

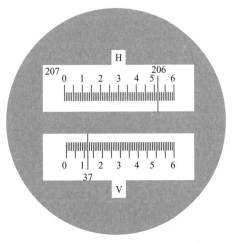

图3-4　带分微尺测微器的读数窗

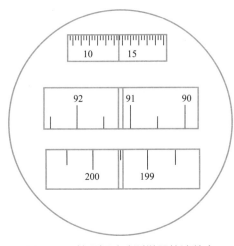

图3-5　单平板玻璃测微器的读数窗

读数时，转动测微轮，使度盘影像与测微尺影像作同步等量相对移动，直到度盘的某一条分划线正好夹在双指标线正中央，然后读出该分划线的读值，再利用测微尺上单指标线读出小于度盘分划值（30′）的分数和秒数，两读数相加即得完整的读数。如图3-5，水平度盘读数为199°30′+13′30″=199°43′30″。

注意：该类仪器的测微尺是水平度盘与竖直度盘公用的，因此不能同时读取水平度盘与竖直度盘上的读数。测水平角时，就使水平度盘的分划线夹在双指标线正中央，可以进行水平度盘读数；测竖直角时，就使竖直度盘的分划线夹在双指标线正中央，可以进行竖直度盘读数，相互没有影响。另外，读数时，转动测微轮，既不改变瞄准方向，也不改变度盘读数，转动测微轮只是把度盘上不能读出的小角，移动到测微尺上量出。

二、DJ₂型光学经纬仪的特点及其读数方法

DJ₂型光学经纬仪（2″级光学经纬仪），主要用于高精度的工程测量和三、四级三角测量及精密导线测量。图 3-6 所示，是苏州光学仪器厂生产的 DJ₂型光学经纬仪。DJ₂型光学经纬仪的基本构造与 DJ₆型类似，除望远镜放大率较大，照准部水准管灵敏度高，度盘分划值较小外，主要表现为读数系统的不同。DJ₂型光学经纬仪的读数系统有下列两个特点：

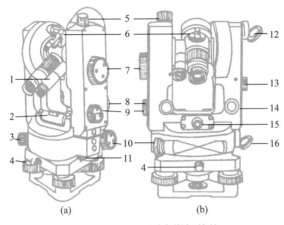

图 3-6 DJ₂型光学经纬仪

1—读数显微镜；2—管水准器；3—水平制动螺旋；4—轴座固定螺旋；5—望远镜制动螺旋；
6—光学粗瞄器；7—测微器手轮；8—望远镜微动螺旋；9—换像手轮；10—水平微动螺旋；
11—水平度盘位置变换手轮；12—竖盘进光反光镜；13—竖盘指标水准管观察镜；
14—竖盘指标水准管微动螺旋；15—光学对点器；16—水平度盘进光反光镜

（1）采用对径重合读数法，相当于利用度盘上相差 180°的两个指标读数并取平均值，直接消除了度盘偏心误差的影响，提高读数精度。

（2）在读数显微镜内，不能同时出现水平度盘和竖直度盘的影像，只能看到其中的一个。读数时，转动换像手轮，当手轮表面的刻线呈水平时，读数窗内显示的是水平度盘的影像。测角时，要转动换像手轮，选择所需要的度盘影像后再读数，以免读错度盘。

图 3-7 所示为读数显微镜内的读数图像，大窗为度盘读数窗，度盘直径两端分划线的影像分别显示在一条横线的上方和下方，形成正字像（简称正像）和倒字像（简称倒像）。度盘上每隔 1°一注记，度盘分划值为 20′。小窗内是测微尺的影像，中间的固定横线为测微尺

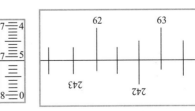

图 3-7 对径重合读数窗

读数指标线，左侧注记由 0′~10′，右侧注记为 10″的倍数，最小格值为 1″，可估读到 0.1″。转动测微轮，测微尺影像由 0′转到 10′时，度盘正倒像分划线向相反的方向各移动半格（相当于 10′）。

读数时，转动测微轮使度盘对径影像相对移动，直至正、倒像分划线精确地对齐（或称重合），找出具备下列三个条件，而且有注字的对径分划线：

1）正、倒像相差 180°；

2）正像在左，倒像在右（在正像注字的右边能找到一个相差 180°的倒像注字）；

3）相距最近（或重合）。

首先按正像的注字读取度数，再数出该两条相差 180°分划线间的格数，确定整 10′数（每格表示 10′），最后在小窗中利用横指标线读出 10′以下的分、秒数，以上三个数之和即为全部读数。图 3-7 的读数为：

$$\text{大窗读数}\quad \text{度盘读数}\begin{cases}\text{度数}62°\\10'\text{数}2\times10'=20'\end{cases}$$

$$\frac{\text{小窗读数}\quad\text{测微尺读数}7'51''.0}{\text{全部读数}\qquad\qquad 62°27'51''.0}$$

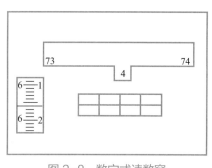

图 3-8　数字式读数窗

为了简化读数，新型的 DJ$_2$ 型光学经纬仪采用数字式读数装置，如图 3-8 所示。

读数时，先转动测微轮使右下方窗口内上下两排未注字的分划线（度盘正倒像分划线）对齐，然后读出上窗口中左边的度数（73°）和向下凸出的小方格内的整 10′数 4，最后读出左下窗口测微尺上的读数 6′16″，以上三个数之和即为全部读数：73°46′16″、0。

数字化读数装置的仪器，其读数原理和方法与对径重合装置基本相同，所不同的是度盘分划对齐后，整 10′数由向下凸出的小方格内直接显示。

第三节　水平角观测

一、经纬仪的使用

经纬仪的操作使用包括对中、整平、照准和读数四项。其中，对中和整平是在测站点上安置经纬仪的工作。

3-1

（一）对中

对中的目的是使经纬仪水平度盘的中心安置在测站点标志中心的铅垂线方向上。常用的方法有垂球对中和光学对中器对中两种。

1. 垂球对中

操作步骤：首先按观测者适合的高度调整脚架的长度，并张开三脚架，将其安置在测站上，使架头大致水平。然后在连接螺旋挂钩上挂垂球，平移三脚架，使垂球尖大致对准测站点（垂球尖偏离测站点小于2cm）并将三脚架脚尖踩入土中，达到初步对中的目的。再从箱中取出仪器，将其连接在三脚架上，此时稍微旋松连接螺旋。双手扶基座，在架头上平移仪器，直至垂球尖精确地对准测站点（误差小于3mm），再将连接螺旋拧紧。

当遇到有风雨天气时，用垂球对中，很难达到对中的精度要求。若对中精度要求较高时，应采用光学对中器对中。

2. 光学对中器对中

目前 DJ$_2$ 经纬仪多已采用光学对中器对中。光学对中器对中的方法是：将仪器安置在测站点上方，使架头大致水平，目估尽可能使仪器中心位于测站点的铅垂线上，踩实脚架腿。根据仪器使用者的视力进行目镜调焦，看清分划板上的小圆圈（小圆圈清晰），再拉出或推进对中器镜管作物镜调焦，使测站点标志成像清晰（此时达到同时看清地面点标志和目镜中心的小圆圈），踩紧操作者对面的那只三脚架腿，用双手把其他的两只架腿稍微抬起，目视对中器目镜并移动这两只架腿，使分划板中心的小圆圈对准地面点（初步对中），然后把这两只架腿轻轻放下并踩紧，此时镜中的小圆圈与地面点会有略小的偏离，可通过旋转脚螺旋使其重新对准；然后用脚架的伸缩螺旋调整脚架的高度，使基座上的圆水准器气泡居中（初步整平），此时，初步完成了仪器的对中和整平（初中，初平）；再用脚螺旋整平照准部水准管使气泡居中，（精确整平）。这时再从对中器目镜观察测站点的影像是否偏离分划板中心的小圆圈，如果偏离（此时的整平一般会破坏前面已经完成的对中，因此还应再次对中），需要稍微松开连接螺旋在架头孔径内双手平稳滑动仪器，使地面点的标志在分划板的成像居中在目镜分划板的小圆圈中心（精确对中）。仪器整平后再精细对中一次，然后拧紧连接螺旋（精平、精中）。

在架头平稳滑动基座后，往往照准部水准管气泡又偏离了，因此需要再次精确整平仪器。重复上述步骤，直至仪器精确整平且对点器分划板的小圆圈中心与地面标志点精确重合为止。

可以看出，使用光学对中器，对中和整平两项工作是相互影响的，因此要反复交替进行，直至对中和整平同时都满足要求为止。光学对中误差应小于1mm。

需要强调的是：精确对中，只能是在架头上前、后、左、右滑动仪器，不能旋转。

（二）整平

整平的目的是使仪器竖轴竖直，水平度盘水平。操作步骤如下：

（1）转动照准部，使水准管平行于任意两个脚螺旋（图3-9a）中的1、2两个脚螺旋的连线方向，两手以相对的方向转动两个脚螺旋，使水准管气泡居中。气泡的移动方向与左手拇指转动方向一致。

（2）转动照准部约90°（图3-9b），使水准管大致与1、2两脚螺旋连线垂直，转动第三个脚螺旋，使水准管气泡居中。然后将照准部转回原来位置，检查气泡是否仍然居中。若不居中，再按上述平行与垂直的两个位置反复数次调整，直到照准部转在任何方向气泡都居中为止。水平角观测过程中，气泡中心位置偏离整置中心不宜超过一格。DJ$_2$经纬仪，在水平角观测过程中，气泡中心位置偏离整置中心要求不宜超过1/4格里值。

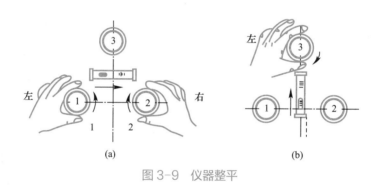

图3-9　仪器整平

（三）照准目标

照准的目的是使照准点影像与十字丝交点重合。操作步骤如下：

（1）目镜对光：调节目镜螺旋使十字丝清晰；

（2）粗略照准：利用望远镜筒上的粗瞄器或者是照门和准星，瞄准目标，然后拧紧望远镜制动螺旋和水平制动螺旋；

（3）物镜对光：转动物镜对光螺旋使目标影像清晰，并消除视差；

（4）精确照准目标：转动水平微动螺旋和望远镜微动螺旋，用十字丝纵丝的中间部分夹准或平分目标，照准目标时，应尽量照准目标底部。同时应仔细判断目标相对于纵丝的对称性。

（四）读数

先调节反光镜及读数显微镜目镜，使度盘和测微尺影像清晰，然后按测微装置类型和前述的读数方法进行读数。

以上是经纬仪的四项基本操作，需要注意的是：在一个测站上对中、整平完毕后，测角过程中不能再调节脚螺旋的位置，若发现气泡偏离超过允许值（水平角观测过程中气泡中心位置偏离整置中心，不宜超过 1 格）则需要废除该站上的所有观测数据，重新进行对中，整平，重新开始观测。

二、水平角观测方法

3-2

水平角的观测方法，一般应根据在一个测站上观测目标的多少，测量工作要求的精度，使用的仪器而定。测回法是测角的基本方法，适用于两个方向之间的水平角观测。

现将建筑工程测量中常用的测回法分述如下。图 3-10 所示，O 为测站点，A、B 为观测目标，$\angle AOB$ 为欲要观测的水平角，其观测步骤如下：

1. 安置仪器

将仪器安置于 O 点，进行对中、整平，若用复测装置的仪器，应将复测扳手扳上。

2. 盘左观测

盘左（照准目标时，经纬仪的竖直度盘位于望远镜左侧，也称正镜）瞄准目标 A，读取水平度盘读数 a_1，记入观测手簿（如表 3-1 中

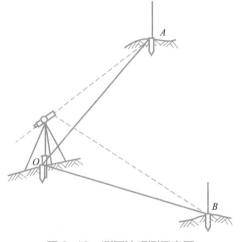

图 3-10 测回法观测示意图

的 $0°08'10''$）；松开水平制动螺旋及望远镜制动螺旋，顺时针转动照准部，望远镜照准 B 点，读取水平度盘读数 b_1，记入观测手簿（表 3-1 中的 $78°12'20''$）。以上称为盘左半测回，其角值为 $\beta_{左}=b_1-a_1=78°04'10''$，填入手簿。

水平角观测手簿（测回法）　　　　　表 3-1

测站	测回数	竖盘位置	目标	度盘读数	半测回角值	一测回角值	各测回角值
O	1	左	A	$0°08'10''$	$78°04'10''$	$78°04'12''$	$78°04'10''$
			B	$78°12'20''$			
		右	A	$180°08'15''$	$78°04'15''$		
			B	$258°12'30''$			
O	2	左	A	$90°09'20''$	$78°04'05''$	$78°04'08''$	
			B	$168°13'25''$			
		右	A	$270°09'30''$	$78°04'10''$		
			B	$348°13'40''$			

3. 盘右观测

松开水平制动螺旋及望远镜制动螺旋，纵转望远镜成盘右位置（照准目标时，经纬仪的竖直度盘位于望远镜右测，也称倒镜）照准 B 点（照准部旋转 180°，这是为了避免由于重新对光带来的误差，故应先照准 B 点目标），读取水平度盘读数 b_2，记入手簿（表 3-1 中的 258°12′30″）；松开制动螺旋，逆时针转动照准部，望远镜照准 A 点目标，读取该读数 a_2，记入手簿（表 3-1 中的 180°08′15″）。以上称为盘右半测回，其角值为

$\beta_右 = b_2 - a_2 = 78°04′15″$，填入手簿。需要说明的是：计算水平角值应该用右目标的读数减去左目标的读数，如果右目标读数小于左目标读数，则应该在右目标的读数上加 360° 后再减左目标的读数。

4. 取平均值

盘左、盘右两个半测回，合称一测回。

利用两个半测回得的角值取平均值就是一测回水平角值 $\beta = 1/2 (\beta_左 + \beta_右) = 78°04′12″$，填入手簿。

对于 DJ_6 型光学经纬仪 $\beta_左$ 与 $\beta_右$ 之差不应超过 ±40″，否则应重测。

为了减小水平度盘刻划不均匀的误差，提高测角精度，通常需要观测 n 个测回（n 是测回数），每个测回应按测回数来变换水平度盘的位置。例如，要观测两个测回，则第一测回起始方向读数可安置在 0°00′ 或略大于 0°00′ 的读数处；第二测回起始方向读数应安置在（180°/2=90°00′）等于或略大于 90°00′ 的读数处。

安置水平度盘读数的方法，因仪器构造的不同而异。若使用带复测机构（装有度盘离合器）的经纬仪，安置 0°00′00″ 时，先转动测微轮，使测微尺的 0′00″ 对准单指标线，扳上复测器扳手，盘左位置，松开水平制动螺旋，转动照准部，使 0° 分划线在双指标线附近时，旋紧制动螺旋，再用水平微动螺旋使 0° 分划线精确地夹在双指标线正中央，把复测器扳手扳下，用望远镜去照准左方目标，这时照准目标方向的水平度盘读数为 0°00′00″。照准左方目标后，再扳上复测器扳手。

若使用带拨盘机构的经纬仪，盘左位置，先转动照准部照准左方目标点，然后打开拨盘手轮护盖，拨动拨盘手轮，使水平度盘读数对准 0°00′（或欲安置的数），然后及时盖上拨盘手轮护盖。

✕ 第四节　竖直角观测

一、竖直角测量原理

竖直角（垂直角）在同一竖直面内倾斜视线与水平线间的夹角，通常用 α 表示。

如图 3-11 所示，视线方向在水平线之上，竖直角为仰角，用 +α 表示；视线方向在水平线之下，竖直角为俯角，用 -α 表示。竖直角值范围在 -90°～+90° 之间。通常在需要确定高差或将倾斜距离换算成水平距离时，需要测量竖直角。

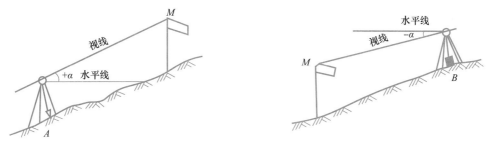

图 3-11 竖直角

二、竖直度盘构造

竖直角由竖直度盘量度。竖直度盘（简称竖盘）的装置形式有如下特点：

（1）竖盘固定在望远镜横轴的一端，并且垂直于横轴，竖盘随望远镜的上下转动而转动。

（2）竖盘读数指标线不随望远镜的转动而转动。为了使竖盘指标线在读数时处于正确位置，竖盘读数指标线与竖盘水准管固连在一起，由指标水准管微动螺旋控制。转动指标水准管微动螺旋可使竖盘水准管气泡居中，达到指标线处于正确位置的目的。因此，每次读取竖盘读数，一定要转动竖盘水准管微动螺旋，使水准管气泡居中后进行。因为竖直角是以水平线为基准的，因此所设的竖盘指标实际上是用来反映水平线位置的。

（3）通常情况下，水平方向（指标线处于正确位置的方向）都是一个已知的固定值（0°、90°、180°、270° 四个值中的一个），国产仪器盘左一般为 90°，盘右一般为 270°。因此测量竖直角时，不必观测水平方向，只需要直接观测目标，读出倾斜视线方向的竖盘读数，代入竖直角计算公式就可以计算竖直角值。

三、竖直角的观测与计算

如图 3-12 所示，设 O 为测站，A、B 分别为仰俯角目标，观测步骤如下：

（1）安置仪器于测站点 O 上，对中、整平。

（2）盘左位置瞄准目标 A（用十字丝横丝切目标顶部），转动竖盘指标水准管微动螺旋使指

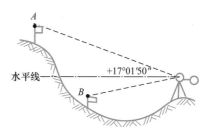

图 3-12 竖直角观测示意图

标水准管气泡居中，读取竖盘读数 $L=107°01'50''$ 记入表3-2中。盘左半测回竖直角 $\alpha_L=L-90°=+17°01'50''$ 记入表3-2中。

（3）盘右位置再次瞄准 A 点，并使指标水准管气泡再次居中，读取竖盘读数 $R=252°58'20''$ 记入表3-2中。盘右半测回竖直角 $\alpha_R=270°-R=+17°01'40''$ 记入表3-2中。

竖直角观测手簿   表3-2

测站	目标	竖盘位置	竖盘读数	竖直角	指标差	平均竖直角	备注（盘左）
O	A	左	107°01'50''	+17°01'50''	5''	+17°01'45''	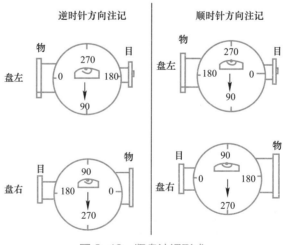
		右	252°58'20''	+17°01'40''			
	B	左	84°15'35''	−5°44'25''	5''	−5°44'30''	
		右	275°44'35''	−5°44'35''			

（4）计算平均竖直角：盘左、盘右对同一目标各观测一次，组成一个测回。一测回竖直角值（盘左、盘右竖直角值的平均值即为所测方向的竖直角值）

$$\alpha=\frac{\alpha_L+\alpha_R}{2}=+17°01'45''$$

（5）竖直角 α_L 与 α_R 的计算：如图3-13所示，竖盘注记方向有全圆顺时针和全圆逆时针两种形式。竖直角是倾斜视线方向读数与水平线方向值之差，计算竖直角的问题就在于这两个方向值谁减去谁，解决这个问题必须在观测前熟悉所用仪器，根据所用仪器竖盘注记方向形式来确定竖直角计算公式。

图3-13 竖盘注记形式

确定方法是：盘左位置，将望远镜大致放平，看一下竖盘读数接近0°、90°、180°、270°中的哪一个，如接近90°，即可定出盘左水平线方向值为90°，盘右水平线方向值为270°，然后将望远镜慢慢上仰（物镜端抬高），看竖盘读数是增加还是减少，若是增加，则为逆时针方向注记0°～360°，竖直角计算公式为：

$$\left.\begin{array}{l} \alpha_{\mathrm{L}} = L - 90° \\ \alpha_{\mathrm{R}} = 270° - R \end{array}\right\} \qquad (3\text{-}2)$$

若是减少，则为顺时针方向注记0°～360°，竖直角计算公式为：

$$\left.\begin{array}{l} \alpha_{\mathrm{L}} = 90° - L \\ \alpha_{\mathrm{R}} = R - 270° \end{array}\right\} \qquad (3\text{-}3)$$

盘左时，望远镜上仰读数增大，则盘右时望远镜上仰读数必然减少，两者相反。

对同台仪器观测低处目标点 B，其观测方法与计算公式和观测高处目标点 A 完全相同，而且竖直角的正、负符号与实际的仰、俯角是一致的，因此计算竖直角值必须根据所用仪器的竖盘注记方向形式，选择相应的计算公式。

在上述竖直角观测时，每次读取竖盘读数之前，都必须调节指标水准管微动螺旋，使水准管气泡居中，否则就是错误的。新型的光学经纬仪，取消了指标水准管及其微动螺旋，而采用了竖盘指标自动归零装置（原理与自动安平水准仪相似），即经纬仪整平后，竖盘指标自动居于正确位置（指标读数相当于竖盘水准管气泡居中的读数），这种具有竖盘指标自动归零装置的仪器，整平和瞄准目标后，能立即读数，因此操作简便，速度快，精度高。

四、竖盘指标差

上述式（3-2）与式（3-3），是在望远镜视准轴水平且竖盘水准管气泡居中时，竖盘指标线所指读数盘左应为90°，盘右应为270°的前提条件下得到的计算式。但是，由于竖盘水准管与竖盘读数指标的关系往往不能满足上述条件，而是当望远镜视准轴水平且竖盘水准管气泡也居中时，竖盘指标读数与90°或270°之间有一个小的角度 X（竖直指标偏离正确位置的差值），称为竖盘指标差。如果竖盘存在竖盘指标差，若计算竖直角值时仍按式（3-2）和式（3-3）计算，则算出的角值 α_{R} 与 α_{L} 都受到指标差的影响。由于指标差 X 对 α_{L} 与 α_{R} 的影响互为反数，如取 α_{L} 与 α_{R} 的平均值，就可以抵消指标差 X 的影响。因此盘左、盘右两个位置观测取平均值，就可以求得正确的竖直角值

$$\alpha = \frac{1}{2}(\alpha_{\mathrm{L}} + \alpha_{\mathrm{R}}) \qquad (3\text{-}4)$$

指标差 X 值是通过盘左、盘右观测，读取竖盘读数后计算得到，其计算公式为：

$$X = \frac{1}{2}(L + R - 360°) \qquad (3-5)$$

指标差 X 值本身有正负符号，一般规定，指标偏离方向与竖盘注记增大方向一致时，X 为正号，反之为负号。

指标差属于仪器本身的误差，因此对同一架仪器，理论上各测回或不同目标的测回指标差应为一常数，但由于存在观测误差，故 X 值会有变化，其变化量用来衡量观测成果的质量，对于 DJ_6 型经纬仪指标差的互差不应超过 $±25''$，在要求范围内，取 a_L 与 a_R 的平均值作为测回值，否则应重新观测。

五、竖直角的应用

（一）用视距法测定平距和高差

视线倾斜时的平距公式 $\qquad D = KL\cos^2\alpha \qquad (3-6)$

视线倾斜时的高差公式 $\qquad h = \frac{1}{2}KL\sin 2\alpha + i - v \qquad (3-7)$

式中　K——视距乘常数，一般 $K = 100$；

$\qquad L$——尺间隔（上、下丝读数之差）；

$\qquad i$——仪高；

$\qquad v$——中丝读数；

$\qquad \alpha$——竖直角。

由上述公式可知，在倾斜地面用视距法测定水平距离和高差时，除读取视距间隔 L 外，尚应观测仪器与立尺点间的竖直角。

（二）间接求高程

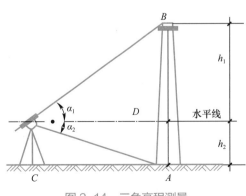

图 3-14　三角高程测量

在山区或者地形起伏较大不便于水准测量时或者工程中求其高大构筑物高程时，常采用三角高程测量法。如图 3-14 所示，要求烟囱 AB 的标高，可在离开烟囱底部 30m 左右的 C 点安置经纬仪，仰视望远镜，用中丝瞄准烟囱顶端 B 点，并测得竖直角 α_1，然后根据 AC 两点间距 D，即可求得高差 $h_1 = D \times tg\alpha_1$，再把望远镜俯视，用中丝瞄准烟囱底部 A 点，并测得竖直角 α_2，则高差为 $h_2 = D \times tg\alpha_2$，则烟囱高度 $H = h_1 + h_2$。

第五节　DJ₆型光学经纬仪的检验与校正

为了测得正确可靠的水平角与竖直角，经纬仪各部件之间必须满足一定的几何条件。仪器各部件间的关系，在仪器出厂时虽然已经符合要求，但由于运输过程中的振动或长期使用，仪器各部件间的关系会发生一些变化，因此在测角操作前应对经纬仪几何轴线间的关系进行必要的检验与校正。

一、经纬仪的四条轴线

如图 3-15 所示，经纬仪的主要轴线有：视准轴 CC、照准部水准管轴 LL、望远镜旋转轴（横轴）HH、照准部的旋转轴（竖轴）VV。

二、轴线之间应满足的几何条件

根据水平角测量原理，经纬仪整平后，竖轴要竖直，水平度盘要水平，望远镜视准轴绕横轴旋转其视准面应该是铅垂平面的要求，这四条轴线必须满足如下几何条件：

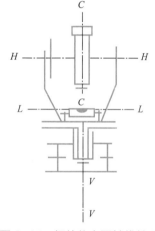

图 3-15　经纬仪主要轴线关系

（1）照准部水准管轴垂直于仪器竖轴，即 $LL \perp VV$；

（2）视准轴垂直于横轴，即 $CC \perp HH$；

（3）横轴垂直于竖轴，即 $HH \perp VV$。

此外，水平角观测是用十字丝的竖丝去照准目标，故要十字丝的竖丝应铅垂，即竖丝应垂直于横轴（横轴水平后，十字丝竖丝铅垂）；竖直角观测时，要求竖盘指标线位于正确位置；光学对中器的视准轴应与竖轴重合等条件。

经纬仪各轴线之间的正确几何关系，往往在搬运、使用过程中发生变动，因而要求对仪器各轴线之间应满足的几何条件进行检验与校正，减少仪器带来的测角误差。

三、经纬仪的检验与校正

检验与校正应按如下顺序逐项进行：

（一）一般性检查

在检验与校正之前应对仪器外观各部位做全面检查。安置仪器后，先检查仪器脚架各部分性能是否良好，然后检查仪器各螺丝是否有效，照准部和望远镜转动是否灵活，望远镜成像与读数系统成像是否清晰等，当确认各部分性能良好后，方可进行仪器的检校，否则应及时处理所发现的问题。

（二）轴线几何条件的检验与校正

1. 照准部水准管轴垂直于竖轴（$LL \perp VV$）

检验方法：初步整平仪器后，转动照准部使水准管平行于任意一对脚螺旋的连线，调节该两个脚螺旋，使水准管气泡居中，然后将照准部旋转180°，若气泡仍然居中，表明条件满足（$LL \perp VV$），否则需校正。

校正方法：转动与水准管平行的两个脚螺旋，使气泡向中间移动偏离距离的二分之一，剩余的二分之一偏离量用校正针拨动水准管的校正螺丝，达到使气泡居中。

此项校正，由于目估二分之一气泡偏移量，因此，检验校正需反复进行，直至照准部旋转到任何位置，气泡偏离中央不超过一格为止，最后勿忘将旋松的校正螺丝旋紧。

2. 十字丝竖丝垂直于横轴

检验方法：整平仪器后，用竖丝一端照准一个固定清晰的点状目标 P（图3-16）关紧望远镜和照准部制动螺旋，然后转动望远镜微动螺旋，如果该点始终不离开竖丝，则说明竖丝垂直于横轴，否则需要校正。

校正方法：取下目镜端的十字丝分划板护盖，放松四个压环螺丝（图3-17），微微转动十字丝环，使竖丝与照准点重合，直至望远镜上下微动时，P 点始终在竖丝上移动为止。然后拧紧四个压环螺钉，旋上护盖。若每次都用十字丝交点照准目标，即可避免此项误差。

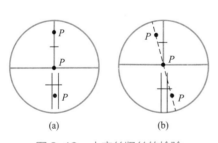

图3-16　十字丝竖丝的检验

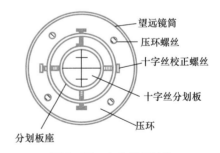

图3-17　十字丝环结构

3. 望远镜视准轴垂直于横轴（$CC \perp HH$）

检验方法：

（1）在较平坦地区，选择相距约100m的 A、B 两点，在 AB 的中点 O 安置经纬仪，在 A 点设置一个照准标志，B 点水平横放一根水准尺，使其大致垂直于 OB 视线，标志与水准尺的高度基本与仪器同高；

（2）盘左位置视线大致水平照准 A 点标志，拧紧照准部制动螺旋，固定照准部，纵转望远镜在 B 尺上读数 B_1（图3-18a所示）；盘右位置再照准 A 点标志，拧紧照准部制动螺旋，固定照准部，再纵转望远镜在 B 尺上读数 B_2（图3-18b所示）。若 B_1 与 B_2 为同一个位置的读数（读数相等），则表示 $CC \perp HH$，否则需校正。

视准轴不垂直于横轴，相差一个 c 角称为视准轴误差。由图3-18（b）可知，B_1 反映了盘左位置 $2c$ 的误差，B_2 反映了盘右位置 $2c$ 的误差，B_1B_2 的间距为 $4c$ 的误差影响。

校正方法：如图3-18（b）所示，由 B_2 向 B_1 点方向量取 $B_1B_2/4$ 的长度，定出 B_3 点，用校正针拨动十字丝环上的左、右两个校正螺丝，使十字丝交点对准 B_3 即可。校正后勿忘将旋松的螺丝旋紧。此项校正也需反复进行。

由上述可知，盘左、盘右两个位置分别观测同一目标时，视准轴误差对水平角观测的影响大小相等，正负符号相反，因此取盘左、盘右两次观测值的中数，可以减弱或消除视准轴误差对水平角观测的影响。但是为了保证测角的精度，一般规定，对于 DJ_6 型经纬仪，当 c 值超过 $\pm 60''$ 时 $\left(c = \dfrac{B_1B_2}{4D} \rho'' \right)$，需要校正视准轴。

4. 横轴垂直于竖轴（$HH \perp VV$）

检验方法：

（1）如图3-19所示，安置经纬仪距较高墙面30m左右处，整平仪器；

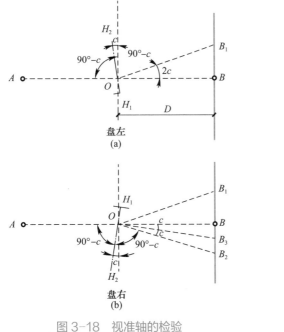

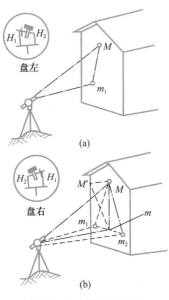

图 3-18　视准轴的检验　　　　　　图 3-19　横轴的检验

（2）盘左位置，望远镜照准墙上高处一点 M（仰角30°～40°为宜），然后将望远镜大致放平，在墙面上标出十字丝交点的投影 m_1（图 3-19a）；

（3）盘右位置，再照准 M 点，然后再把望远镜放置水平，在墙面上与 m_1 点同一水平线上再标出十字丝交点的投影 m_2，如果两次投点的 m_1 与 m_2 重合，则表明 $HH \perp VV$，否则需要校正。

校正方法：首先在墙上标定出 m_1m_2 直线的中点 m（图 3-19b），用望远镜十字丝交点对准 m，然后固定照准部，再将望远镜上仰至 M 点附近，此时十字丝交点必定偏离 M 点，而在 M' 点，这时打开仪器支架的护盖，校正望远镜横轴一端的偏心轴承，使横轴一端升高或降低，移动十字丝交点，直至十字丝交点对准 M 点为止。对于光学经纬仪，横轴校正螺旋均由仪器外壳包住，密封性好，仪器出厂时又经过严格检查，若不是巨大振动或碰撞，横轴位置不会变动。一般测量前只进行此项检验，若必须校正，应由专业检修人员进行。

由上述可知，盘左、盘右观测同一目标时，横轴误差对水平角观测的影响，大小相等，正、负符号相反，取盘左、盘右两次观测值的中数，便可减弱或者消除横轴倾斜误差对水平角观测的影响。

最后必须指出，上述几项检验校正顺序不能颠倒，而且水准管轴垂直于竖轴是其他几项检验与校正的基础，这一条件若不能满足，其他几项的检验就不能进行。同时又因为竖轴不铅垂对测角的影响，不能用正、倒镜位置观测而得到消除，所以这项检验与校正是主要的。其他几项对测角的影响，一般情况下都不大，而且有的可以通过正、倒镜位置的观测，取其中数来减弱或消除其对测角的影响，因此是次要的。

第六节 水平角测量的误差及注意事项

一、仪器误差及注意事项

仪器误差的来源有两个方面，其一是仪器的制造、加工不完善所引起的误差，如照准部偏心差，度盘刻划不均匀误差等；其二是仪器检验后的残余误差。

现代生产的光学经纬仪，由于生产设备都很先进，因此度盘刻划不均匀的误差非常小，在观测中采取多测回选用不同的度盘部位进行水平角测量，取其平均值就可以减弱此项误差的影响。

照准部旋转中心与水平度盘刻划中心不重合而造成的读数误差称为照准部偏心差。对于 DJ_2 型经纬仪，由于是采用对径重合的读数法，照准部偏心差已经被消除。对于 DJ_6 型经纬仪，采用正、倒镜照准同一目标取读数的平均值的方法来消除照准部偏心差的影响。

　　仪器检校不完善而存在的残余误差（在实际检校中要使仪器完全达到满足理论上的要求是相当困难的，通常只要通过检校达到实际工作所需要的或者规范规定的精度即可，因此必然存在仪器检校后的残余误差）对测量水平角的影响，除事先仔细地检校仪器外，视准轴不垂直于横轴的残余误差及横轴不垂直于竖轴的残余误差，在观测中可采用盘左、盘右两个位置观测，取观测结果的平均值，上述两项误差对测角的影响，可以得到消除。

二、观测误差及注意事项

1. 仪器对中误差

　　仪器对中时，垂球尖没有对准测站点标志中心，产生仪器对中误差。对中误差对水平角观测的影响与偏心距成正比，与测站点到目标点的距离成反比，因此要尽量减少偏心距，对边长越短且转角接近180°的观测更应注意仪器的对中。

2. 整平误差

　　整平误差是由于竖轴检校不完善或由于整平不严格而引起的竖轴倾斜与横轴不水平，它对测角的影响与观测目标的倾斜角大小有关，倾斜角越大，影响也越大。整平误差不能用正倒镜观测取平均值的方法来消除，所以，观测时应认真整平仪器，注意校正使水准管轴垂直于竖轴。在山区作业时，尤其要注意整平。

3. 目标偏心误差

　　测角时，常用标杆或测钎立于被测目标点上作为照准标志，若标杆倾斜，而又瞄准标杆上部时，则使瞄准点偏离被测点产生目标偏心误差。目标偏心对水平角观测的影响与测站偏心距影响相似。测站点到目标点的距离越短，瞄准点位置越高，引起的测角误差越大。因此观测水平角时，应仔细地把标杆竖直，并尽量瞄准标杆底部。当目标较近，又不能瞄准其底部时，最好采用悬吊垂球，瞄准垂球线。

4. 瞄准误差

　　瞄准误差与望远镜的放大率和人眼的分辨能力有关，同时与照准目标的形状、颜色、清晰度以及视差的消除程度等因素有关。观测时必须注意消除视差。

5. 读数估数误差

　　此项误差主要取决于仪器的读数设备及读数的熟练程度。读数前要认清度盘以及测微尺的注字刻划特点，读数中要使读数显微镜内分划注字清晰。通常是以最小估读数作为读数估读误差，DJ_6型经纬仪读数估读最大误差为±6″（或者±5″）。

三、外界条件的影响及注意事项

外界条件的影响很多，如日晒和温度变化会影响仪器的整平；大风影响仪器的稳定；太阳热辐射会引起物像的跳动；土壤松软引起仪器安置不稳等。因此要选择有利的天气与观测时间来减少外界条件的影响，提高观测成果的精度。

第七节　电子经纬仪

电子经纬仪是在光学经纬仪的基础上发展起来的新一代测角仪器。它的整体结构与光学经纬仪有许多相似之处。主要区别在于读数系统，光学经纬仪的度盘是由光学玻璃制成的圆盘，在其上刻有分划、度盘分划线通过一系列棱镜和透镜成像于望远镜旁的读数显微镜内，观测者通过显微镜读取度盘的读数经过计算求得观测角值。电子经纬仪测角是从度盘上取得电信号，被接收器接收。利用转换器把电信号再转换成角度并自动以数字的方式输出，直接液晶显示在显示屏上并记入存储器。

电子经纬仪测角根据度盘取得电信号的方式不同，有光栅度盘测角，编码度盘测角和电栅度盘测角等。

电子经纬仪的主要特点如下：

1.采用电子测角是将角度的电信号直接记入存储器，自动显示测量结果，实现了测角自动化，数字化。避免了读数误差，提高了工作效率。

2.有测距仪接口（与该电子经纬仪的生产厂家生产的测距仪联机），组成全站型电子测速仪，可以将测距仪的测距显示在显示屏上。有电子手簿接口，将外业观测数据输入计算机，实现数据处理和绘图自动化。

由于各生产厂家生产的电子经纬仪各不相同，作业时请认真阅读使用说明书。

一、电子经纬仪的构造（仪器各部件名称）

如图 3-20 是国产的 DT200 电子经纬仪，该仪器采用光栅增量式数字角度测量系统，使用微型计算机技术进行测量、计算、显示存储等多项功能，可以显示水平角、垂直角测量结果，可以进行角度、坡度等多种模式的测量。该仪器水平，竖直角度显示，读数分辨率为 1″。

如图 3-21 所示为电子经纬仪液晶显示屏和操作键盘，仪器功能键中，所有键均为双功能键。在该键上印刷的是该键的第一功能（绿色），在该键上方面板上用白色印刷的为第二功能。正常状态下该键为第一功能，切换状态下为第二功能。按住 切换 键并释放，蜂鸣器响，显示屏显示"切换"后为第二功能。如图3-22所示流程图，仪器进入切换状态。操作键功能表双面操作键盘。液晶显示屏可同时显示提示内容，垂直角和水平角。6个按键可发出不同指令。

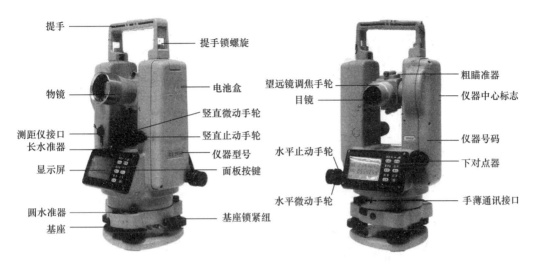

图 3-20

液晶显示屏

垂直	267°47'06″
水平_右	000°00'00″
▮▮▮	补偿

液晶显示屏共显示四行内容，第一行为当前日期及时间；第二行为垂直度盘角度；第三行为水平度盘角度；第四行为电池容量和仪器状态。

以下为显示说明：

03-08-18　16:18：当前日期及时间；

垂直：表示天顶距；

水平$_右$：表示水平度盘角度，且顺时针转动仪器为角度的增加方向；

水平$_左$：表示水平度盘角度，且逆时针转动仪器为角度的增加方向；

补偿：表示仪器补偿器打开；

▮▮▮ 表示电池容量，黑色填充越多表示容量越足。

图 3-21

仪器操作键

图 4

代号	名称	无切换时	在切换状态时
1	左⇄右	左、右角增量方式	启动测距
2	角度/斜度	角度斜度显示方式	平距、斜距、高差切换
3	锁定	角度锁定	复测
4	置0	置零	调整时间
5	切换	键功能切换	夜照明
6	①	开关、记录、确认	

二、电子经纬仪的使用

电子经纬仪的使用步骤与光学经纬仪一样，也要经过对中，整平，瞄准，读数四个步骤。其中对中，整平，瞄准的方法与光学经纬仪完全相同，这里不再重述。各种

进入切换状态（ 切换 ）

仪器功能键中，所有键均为双功能键。在按键上印刷的为该键的第一功能，在该键上方面板上用白字印刷的为第二功能，正常状态下该键为第一功能，切换状态下为第二功能。

按住 切换 键并释放，蜂鸣器响，显示屏显示"切换"，如流程图所示。仪器进入切换状态。

照明打开/关闭（ 切换 ）

进入切换状态，按住 切换 键，并马上释放，蜂鸣器响，仪器进入正常状态，液晶显示屏照明打开，望远镜分划板照明同时打开；再按并马上释放，则仪器回到切换状态，照明仍旧打开，再按并马上释放，液晶显示屏照明及望远镜分划板照明关闭，仪器回到正常状态。

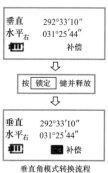
垂直角模式转换流程

图 3-22　流程图

型号的电子经纬仪在使用前只要认真阅读使用说明书、熟悉键盘及操作指令，就可以自如的使用仪器。下面以 DT200 系列电子经纬仪为例，介绍其使用方法。

1. 电池安装

将随机电池盒的底部突起卡入主机，按住电池盒顶部的弹块并向仪器方向推，直至电池盒卡入位置为止，然后放开弹块。

2. 电池容量的确定

液晶屏的左下角显示一节电池，中间的黑色填充越多，则表示电池容量越足，如果黑色填充很少，已经接近底部，则表示电池需要更换。

3. 仪器操作

水平角度测量（顺时针）见仪器操作流程图 3-23。

① 将仪器在站点上安置好且对中、整平后，仪器开机（电子经纬仪使用时，一定要对中、整平后开机）。

② 按住 ⊖ 键开机，所有字段点亮，释放 ⊖ 键后，仪器电源打开，进入初始化界面，上下转动望远镜，然后使仪器水平盘转动一周，仪器初始化，并自动显示水平度盘角度，竖直度盘角度以及电池容量信息（图 3-24）。

仪器操作

开机(①)

按住 ① 键,所有字段点亮,释放 ① 键后,仪器电源打开,进入初始化界面;

上下转动望远镜,然后使仪器水平盘转动一周,仪器初始分;并自动显示水平度盘角度、竖直度盘角度以及电池容量信息。(如果水平盘设置成相对角度测量方式,则不需要转动水平盘初始化)

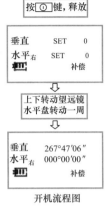

关机(①)

按住 ① 键,蜂鸣器响,待约一秒后,仪器液晶显示屏上显示"OFF",释放 ① 键,仪器关机。

图 3-23　仪器操作流程图

角度测量

(一)、水平角度测量(顺时针)

(1) 将仪器在站点上安装好且对中整平后,仪器开机。

(2) 通过水平盘和垂直盘的制微动螺旋使仪器精确的瞄准第一个目标A。

(3) 按 置0 键设定水平角度值为 0°00′00″。

(4) 通过水平盘和垂直盘的制微动螺旋使仪器精确的瞄准第二个目标B。

(5) 读出仪器显示的角度(α)。

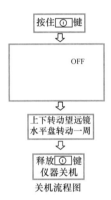

第一个目标A: 置零　(000°00′00″)

第一个目标B　　(039°43′20″)

水平角度(α)=39°43′20″

图 3-24　角度测量流程图

③通过水平盘和垂直盘的制、微动螺旋转动仪器，并用望远镜精确瞄准左目标点 A 后关紧仪器。

④按 置0 键并释放，蜂鸣器响，仪器显示屏上水平角度值显示变化为 000°00′00″。

⑤松开水平盘和垂直盘的制、微动螺旋。顺时针转动仪器，用望远镜精确瞄准右目标点 B。

⑥读出仪器显示的角度（α）

左目标 A：置 0（000°00′00″）

右目标 B：（039°43′20″）

水平角度 α = 39°43′20″

三、水平角度值锁定及任意角度设置 锁定 （图 3-25）

（一）水平角度值锁定

按住 锁定 键并释放，蜂鸣器响，显示屏显示"锁定"，如图 3-25 所示。此时转动仪器，水平角度保持不变；再按住 锁定 键并释放，则恢复原状态，水平角度值随仪器转动而变化。

水平角度值锁定及
任意角度设置（ 锁定 ）

(1) 水平角度值锁定

　　按住 锁定 键并释放，蜂鸣器响，显示屏显示"锁定"，如流程图所示，此时转动仪器，水平角度保持不变；再按住 锁定 键并释放，则恢复原状态，水平角度值随器转动而变化；

(2) 水平角度值任意设置

　　转动水平微动手轮，直至仪器显示屏显示所需要的水平角度值，按住并释放，则该角度值被锁定并显示锁定信息"锁定"；转动仪器并用望远镜瞄准目标，再按住 锁定 并释放，则角度值不再锁定，并可进行下一步测量工作。

水平角锁定流程

图 3-25　水平角度值锁定及任意角度设置

（二）水平角度值任意设置

转动微动螺旋，直至仪器显示屏显示所需的水平角度值时，按住 锁定 键并释放，则该角度值被锁定并显示锁定信息"锁定";转动仪器并用望远镜瞄准目标，再按住 锁定 键并释放，则角度值不再锁定、恢复原状态，可以进行下一步的测量工作。

四、水平角度值置零 置0 （图3-26）

瞄准目标后，制动仪器。按下 置0 键并释放，蜂鸣器响，仪器显示屏水平角度值显示变化为000°00′00″。

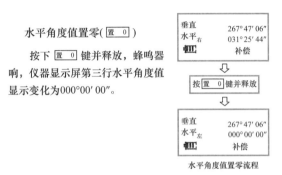

图3-26 水平角度值置零流程

五、电子经纬仪测量水平角（测回法测量水平角）

仪器在测站点上安置好，且对中、整平后仪器开机。仪器初始化后，显示角度测量模式（显示屏水平角度值显示为水平$_右$XXX°XXX′XXX″）。

盘左观测。

用望远镜十字丝交点照准目标点 A 后，按 置0 键，使水平度盘读数为水平$_右$000°00′00″，即表示目标点 A 方向读数为000°00′00″；顺时针方向转动照准部，用十字丝交点照准目标点 B，此时显示的水平$_右$值，即为盘左观测的∠AOB 的角值。

盘右观测：

倒转望远镜，按 左⇄右 键，使水平角度标示切换为水平$_左$，用望远镜精确瞄准 B 点，按 置0 键即表示 B 方向为0°00′00″；逆时针方向转动照准部，精确照准目标点 A，此时显示的水平$_左$值即为盘右观测角。

成果检核方法与光学经纬仪观测水平角相同。

六、角度值增加方向转换 左 ⟷ 右（图 3-27）

角度值增加方向转换(左⇄右)

仪器每次开机并初始化后，显示屏水平角度值显示为"水平_右：×××°××′××″"，表示水平角度值以顺时针转动仪器方向为角度值增加方向(水平_右模式)；

按住 左⇄右 键并释放，蜂鸣器响，则显示屏水平角度值显示为"水平_左：×××°××′××″"，表示水平角度值以逆时针转动仪器方向为角度值增加方向(水平_左模式)。

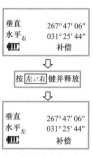

角度值增加方向改变流程

图 3-27　角度值增加方向转换

七、竖直角测量（垂直角测量）见图 3-28

1. 将电子经纬仪在测站上安置好，且对中、整平后仪器开机并初始化后，显示角度测量模式。垂直角测量模式自动为天顶距模式，天顶为 0°。

2. 通过水平盘和竖直盘的制微动螺旋，使仪器精确照准目标点 A。

3. 读取仪器显示屏显示的垂直读数。

4. 在无顶距模式状态，按 角度/斜度 键并释放，仪器蜂鸣器响，垂直角度测量模式转换为坡度模式。

5. 在坡度模式状态，按 角度/斜度 键并释放一次，则恢复到天顶矩模式状态。

垂直角度测量

(1) 将仪器在站点上安装好且对中整平后，仪器开机。

(2) 通过水平盘和垂直盘的制微动螺旋使仪器精确的瞄准目标A。

(3) 读出仪器显示的角度(θ)。

垂直	067° 47′ 06″
水平_左	039° 43′ 20″
▮▮▮	补偿

垂直角度(θ)=67° 47′ 06″

按 角度/斜度 可以查看坡度。

图 3-28　竖直角测量流程图

目前生产的电子经纬仪都采用了竖盘指标自动补偿归零装置，多为天顶距式顺时针注记的竖盘，所以竖直角的具体观测、记录与计算方法与光学经纬仪相同。此处不再重述。

思考题与习题

一、判断题：

1. 经纬仪的安置工作包括对中、整平、定向。（　　　）

2. 竖直度盘在望远镜的侧面，是随望远镜一起在竖直面内转动。（　　　）

3. 照准部水准管是用来精确整平经纬仪的。（　　　）

4. 光学经纬仪，读取度盘读数前，应打开反光镜，调节镜面位置，照亮读数窗。（　　　）

5. 在计算水平角时，如果右目标读数小于左目标的读数，可以倒过来减。（　　　）

6. 竖直角的计算公式与竖盘的注记形式有关。（　　　）

7. 为了区分是仰角还是俯角，竖直角前面应该带上正负号。（　　　）

8. 测量水平角时，为了确保瞄准目标的准确性，应尽量瞄准目标的底部。（　　　）

9. 用测回法观测水平角时，测完上半测回后，发现水准管气泡偏离超过一格，在此情况下应整平后继续观测下半测回。（　　　）

10. 地面上两条相交直线的水平角是这两条直线实际的夹角。（　　　）

二、单项选择题：

1. 测回法测角，多用于（　　　）方向之间水平角的观测。
A. 二个　　　　　　B. 三个　　　　　　C. 四个　　　　　　D. 多个

2. 操作使用经纬仪的程序是（　　　）。
A. 对中、整平、瞄准、读数　　　　　　B. 整平、对中、瞄准、读数
C. 对中、瞄准、整平、读数　　　　　　D. 整平、瞄准、对中、读数

3. 经纬仪上圆水准器和照准部水准管的作用是（　　　）。
A. 精平、粗平　　　　　　B. 粗平、精平
C. 精平、精平　　　　　　D. 粗平、粗平

4. 经纬仪望远镜的自由度有（　　　）。
A. 一个　　　　　　B. 二个　　　　　　C. 三个　　　　　　D. 多个

5. 在地面上用经纬仪盘左位置观测电视塔顶的竖盘读数为 $120°30'00''$，则计算竖直角的公式为（　　）。

A. $\alpha_{左}=L-90°$；$\alpha_{右}=R-270°$　　　　B. $\alpha_{左}=L-90°$；$\alpha_{右}=270°-R$

C. $\alpha_{左}=90°-L$；$\alpha_{右}=R-270°$　　　　D. $\alpha_{左}=90°-L$；$\alpha_{右}=270°-R$

6. 经纬仪盘右位置，视线水平时，竖盘读数为 $270°00'00''$，视线向上倾斜读数增大，现盘右观测一目标，竖盘读数为 $280°10'00''$ 则竖直角为（　　）。

A. $+100°10'00''$　　　　　　　　B. $-100°10'00''$

C. $+10°10'00''$　　　　　　　　D. $-10°10'00''$

7. 经纬仪的竖盘按顺时针方向注记。当视线水平时，盘左竖盘读数为 $90°00'00''$，用该仪器观测一高目标点，盘左读数为 $75°10'30''$，则此目标的竖直角值为（　　）。

A. $75°10'30''$　　　　　　　　　B. $-75°10'30''$

C. $-14°49'30''$　　　　　　　　D. $+14°49'30''$

8. 当经纬仪竖轴与目标点在同一竖直面时，瞄准不同高度的目标点，其水平度盘的读数是（　　）。

A. 相等　　　　　　　　　　　　B. 不相等

C. 有时不相等　　　　　　　　　D. 有时相等

9. 测量竖直角时，采用盘左、盘右观测，其目的之一是可以消除（　　）的影响。

A. 对中　　　　　　　　　　　　B. 整平

C. 指标差　　　　　　　　　　　D. 视准轴不垂直于横轴

三、思考题与习题：

1. 什么叫水平角？什么叫竖直角？测量水平角与测量竖直角有哪些相同点和不同点？

2. 使用 DJ_6 型光学经纬仪，要使某一起始方向的水平角度盘读数为 $0°00'00''$，应如何操作？

3. DJ_2 型与 DJ_6 型光学经纬仪的读数设备基本有几种？试述其读数方法。

4. 为什么在读取竖盘读数前，要使竖盘水准管气泡居中？

5. 怎样确定测量竖直角的计算公式？

6. 经纬仪的检校主要有哪几项？其检校次序如何？为什么要按照这样的次序进行检校？

7. 经纬仪主要有几大部分组成？经纬仪上的制动螺旋与微动螺旋的作用是什么？

怎样使用微动螺旋?

8. 整理下面用测回法观测水平角的手簿（表3-3）。

表 3-3

测站	竖盘位置	目标	水平盘读数 ° ′ ″	半测回角值	一测回角值
O	左	A	52　36　15		
		B	200　20　55		
	右	A	232　36　55		
		B	20　21　00		

9. 整理下面竖直角观测手簿（表3-4）。

表 3-4

测站	目标	竖盘位置	竖盘读数 ° ′ ″	半测回竖角值 ° ′ ″	一测回角值 ° ′ ″	备注
O	A	左	81　47　25			物 270 目 180　　0 90
		右	278　12　30			
O	B	左	92　13　30			
		右	267　46　25			

第四章

距离测量和直线定向

第一节　钢尺量距

一、量距工具

（一）钢尺

钢尺是量距的主要工具，它是由宽度 10～20mm，厚度 0.1～0.4mm 的薄钢带制成的带状尺，有盒装和架装两种。常用的钢尺长有 30m 和 50m 的两种，钢尺的基本分划为毫米，在厘米、分米和整米处都有数字注记。按尺上零点位置的不同，钢尺有端点尺和刻线尺之分。尺的零点是从尺环端起始的，称为端点尺（图 4-2）。在尺的前端刻有零分划线的称为刻线尺（图 4-1）。端点尺多用于建筑物墙边开始的丈量工作较为方便，刻线尺多用于地面点的丈量工作。钢尺主要用于精度要求较高的量距工作，如控制测量和施工测量等。

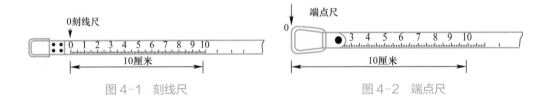

| 图 4-1　刻线尺 | 图 4-2　端点尺 |

（二）皮尺

皮尺是由麻与金属编织而成的带状尺，表面涂有防腐油漆。皮尺基本分划为厘米、分米和整米处有数字注记，尺前端铜环的端点为尺的零点。皮尺容易拉长，因此只能用于精度较低的碎部测量等。

（三）量距的辅助工具（见图 4-3）

（1）测钎（测针）是用 30～40cm 的钢筋制成，下端磨成尖状，便于插入地下，量距中测钎用来标定尺段端点位置和计算丈量的尺段数。

（2）垂球（线坠）是在地面起伏较大的地段，丈量水平距离时，利用垂球线之特性，用垂球投点和标点。

（3）标杆（花杆）是用优质的木杆或铝合金制成，长2m或3m，杆身每隔20cm用红白油漆相间划分，杆的下端装有铁制的尖脚，以便插入地下或对准点位。量距中主要用来标点和定线。

图4-3 辅助工具

二、直线定线（为了不使距离偏离直线方向）

在量距中，当直线距离不能由一整尺段长量完时，需要在直线方向上标定若干个分段点的工作，称为直线定线。量距的精度要求很高时，应采用经纬仪定线，在一般情况下，丈量距离的定线可采用目估定线。

4-1

（一）目估定线（目测定线）（多用于普通精度的钢尺量距）

目估定线就是用目测的方法，用标杆将直线上的分段点标定出来。如图4-4所示，AB是地面上互相通视的两个固定点，C、D……为待定分段点。定线时，先在A、B点上竖立标杆，测量员甲位于A点后1～2m处，视线将A、B两标杆同一侧相连成线，然后指挥测量员乙持标杆在C点附近左右移动标杆，直至三根标杆的同侧重合到一起时为止。同法可定出AB方向上的其他分段点。定线时要将标杆竖直。在平坦地区，定线工作常与丈量距离同时进行，即边定线边丈量。

（二）经纬仪定线（多用于精密钢尺量距）

若量距的精度要求较高或两端点距离较长时，宜采用经纬仪定线。如图4-5所示，欲在AB直线上定出1、2、3等点。在A点安置经纬仪，对中、整平后，用十字丝交点瞄准B点标杆根部尖端，然后制动照准部，望远镜可以上、下移动，并根据定点的远近进行望远镜对光，指挥标杆左右移动，直至1点标杆下部尖端与竖丝重合为止。其他2、3等点的标定，只需将望远镜的俯角变化，即可定出。

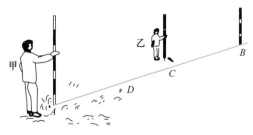

图4-4 目测定线

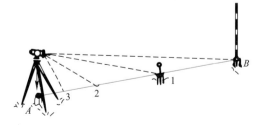

图4-5 经纬仪定线

4-2

三、钢尺量距的一般方法

一般方法量距是指采用目估法标杆定线，整尺法丈量、目估将钢尺拉平丈量。

（一）平坦地面的距离丈量

直线方向标定后就可以进行丈量距离。一般精度的距离丈量需要三个人即可，分为前尺员、后尺员和记录员。在丈量困难或车辆较多地段应增加辅助人员。如图4-6所示，欲由 A 点向 B 点丈量，后尺员手拿尺头（尺子的零刻线处）正好对准直线起点 A，前尺员手拿尺的末端，并拿一标杆和一束测钎沿直线方向前进，到一尺段时止步，由后尺员指挥定线，标出 1 点位置。然后将尺平铺在直线上，二人同时用力将尺拉紧，拉直、拉平。待后尺员将钢尺零点对准 A 点喊"好"时，前尺员立即用测钎对准钢尺末端并竖直地将测钎插入于地，得到 1 点。至此，完成一整尺段测量工作。然后，两人拿起钢尺，同时沿直线方向前进（钢尺不要在地面拖行），待后尺员走到前尺员所插的第一根测钎位置 1 时停步，按上述方法重复第一个尺段的丈量工作，量取 2、3……各段。后尺员每丈量完一个整尺段 L 长时，都要拔起收回面前地上的测钎（图4-6中 1、2、3 等），这样后尺员手中的测钎数就表示丈量的整尺段数。最后到不足一整尺段时，后尺员将钢尺零点对准测钎，前尺员在 B 点处读出不足一整尺的余长 q，至此，丈量 AB 直线完毕，其 AB 长度为

$$D_{AB} = n \times L + q \tag{4-1}$$

式中　n——丈量的整尺段个数（后尺员手中收回的测钎个数）；

　　　L——钢尺的整尺段长度（m）；

　　　q——余长（不足一整尺段长）；

　　　D_{AB}——由 A 量至 B 的长度。

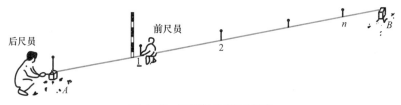

图4-6　平坦地面量距方法

在平坦地面丈量所得的长度即为水平距离。为了防止错误和提高丈量距离的精度，需要从 B 至 A 按上述同样方法，边定线边丈量，进行返测。以往、返各丈量一次称为一个测回。

（二）倾斜地面的距离丈量

测量工作中，丈量的距离应该是水平距离，若地面倾斜，可采用平量法，也可采用丈量斜距，换算成水平距离的方法。

1. 平量法（水平尺法）（当地面坡度不大时，可将钢尺抬平丈量）

在倾斜地面丈量水平距离，应由高处向低处方向前进，如图 4-7 所示，将钢尺拉平，一人先将钢尺零点对准起点，另一人将尺的另一端抬高并目估尺身水平，用垂球将尺段点投于地面 1 点并插上测钎且在该点尺分划处进行读数即为 A—1 段的水平距离。完成第一段丈量后，两人拉起尺前进，按上述方法依次进行各段丈量，直至终点。平量法中由于每段丈量都需要用垂球对点，

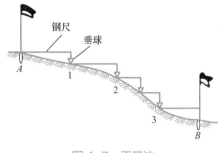

图 4-7　平量法

以及目估拉平尺子，因此给丈量距离带来较大误差。倾斜地面的平量法，通常采用由高处向低处方向分别丈量两次，以代替往返丈量进行校核。

2. 斜量法

如图 4-8 所示，如果地面的倾斜坡度较均匀则可沿均匀坡度的地面丈量斜距 L，然后用经纬仪测量倾斜角 α（竖直角），将 L 换算成水平距离，即 $D=L\cdot\cos\alpha$，或用水准仪测量倾斜地面的高差 h，依据斜距与高差计算出水平距离，即

$$D=\sqrt{L^2-h^2}$$

$$D\approx L-\frac{h^2}{2L}$$

（4-2）

式中：$\frac{h^2}{2L}$ 为倾斜改正数。

地面倾斜角 α 的测量方法：如图 4-9 所示，在 A 点安置经纬仪，对中、整平后，量取仪高 i（由仪器横轴量至地面 A 点的铅垂距离），在 B 点竖立一标杆，从标杆根部起量 i 长度，标记于标杆 C 点，用望远镜瞄准标杆上的 C 点，此时视线平行于地面，调节竖盘指标水准管气泡居中，读取竖盘读数，根据竖直角计算公式就可计算出地面倾斜角 α 值。

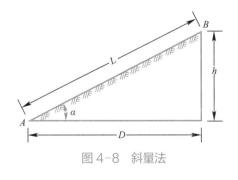

图 4-8　斜量法

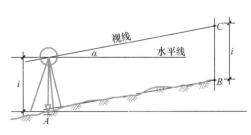

图 4-9　地面倾斜角的测量

四、距离丈量的精度计算

距离丈量的精度是用相对误差来表示的。相对误差是以往返丈量距离之差的绝对值与距离的平均值之比，并将分子化为1，分母取整数的分数形式表示即：

$$K = \frac{\left|D_{往} - D_{返}\right|}{\frac{1}{2}(D_{往} + D_{返})} = \frac{|\Delta D|}{D_{平均}} = \frac{1}{\dfrac{D_{平均}}{\Delta D}} \qquad (4-3)$$

例如：AB 段往测 D_{AB} 为 128.526m，返测 D_{BA} 为 128.518m，故直线 AB 的丈量精度是：

$$K = \frac{\left|128.526 - 128.518\right|}{\frac{1}{2}(128.526 + 128.518)} = \frac{0.008}{128.522} = \frac{1}{\dfrac{128.522}{0.008}} = \frac{1}{16\,065}$$

在平坦地区钢尺量距的相对误差一般应小于1/3000。在符合精度要求时，取往返丈量距离的平均值作为丈量结果的一测回值。

五、钢尺量距的精密方法与成果整理

精密的丈量方法，是指使用检定后的钢尺用串尺法丈量，丈量时用经纬仪定线，用弹簧秤控制其拉力使其丈量时的拉力与钢尺检定时拉力一致，并计算尺长、温度、高差三项改正数。当量度精度要求达到1/40 000～1/10 000时，需要采用精密的丈量方法。精密方法丈量，由五人组成量距组协同工作，其中两人为拉尺、两人读数，一人记录兼指挥并测钢尺的温度。

（一）丈量方法

1. 用经纬仪定线

定线时应清除丈量场地上的障碍物，在各尺段端点打下木桩，桩顶高出地面3～5cm。桩顶面用经纬仪定线标定各尺段的端点，用十字形，作为丈量时的标志。

2. 丈量

丈量时要采用检定后的钢尺，用串尺法量距，即每尺段丈量三次，每次读数后应前后移动钢尺2～3cm，三次丈量尺段长度之差应不超过3mm，否则必须继续丈量该尺段。若三次丈量长度之差在容许限差之内，取三次丈量结果的平均值作为尺段丈量的结果。丈量时要用弹簧秤控制其拉力（30m钢尺用100N，50m钢尺用150N），前后尺员要同时读数，并估读至0.5mm，还要测记丈量时钢尺的温度至0.5℃。

3. 测量各尺段桩顶的高差

上述所量的距离是相邻两桩顶间的倾斜距离，为了改算成水平距离，要用水准测量方法测定相邻两桩顶间高差，以便进行倾斜改正。高差应往返测量宜在量距前和量距后进行，往返测高差之差不超过 10mm 时，可取其平均值作为观测成果，记入手簿。

（二）成果整理

外业工作结束后应对丈量的距离进行尺长改正、温度改正和倾斜改正，求得改正后的水平距离。

1. 尺长改正

根据在标准温度、标准拉力引张下的实际长度与名义长度的差值进行的长度改正，称为尺长改正。钢尺在标准拉力 P（钢尺检定时的拉力）和标准温度 t_0（钢尺检定时的温度）时的实际长度 $L_实$ 与钢尺的名义长度 $L_名$ 之差 ΔL 称为整尺段的尺长改正数，即

$\Delta L = L_实 - L_名$，任意尺段 l 的改正数

$$\Delta L_i = \frac{\Delta l}{l_名} \times l_i \qquad (4\text{-}4)$$

表 4-1 中，$L=30.005\text{m}$，$L'=30.000\text{m}$ 则 $\Delta L=30.005-30.000=0.005\text{m}$，$A-1$ 尺段的尺长改正数为

$$\Delta L_{A-1} = \frac{30.005 - 30.000}{30.000} \times 29.8418 = +0.005\text{m}$$

精密量距手簿　　　　　　　　　　　　　　　　　表 4-1

工程名称：控制网 AB			钢尺名义长度 L'：30m				钢尺检定时温度：t_0：20℃			
钢尺号：No：10			钢尺检定长度 L：30.005m				钢尺检定时拉力：100N			
日　　期：			钢尺膨胀系数：0.000012/（m·℃）				丈量者：　　　记录者：			
线段	尺段编号	丈量次数	前尺读数（m）	后尺读数（m）	尺段长度（m）	温度（℃）	高差（m）	尺长改正数（m）	温度改正数（m）	偏斜改正数（m）	改正后尺段长（m）
A	A1	1	29.9345	0.0925	29.8420	15	−0.152	+0.005	−0.0018	−0.0004	29.8446
		2	29.9535	0.1120	29.8415						
		3	29.9415	0.0995	29.8420						
		平均			29.8418						
	12	1	29.8745	0.0320	29.8425	15.5	−0.145	+0.005	−0.0016	−0.0004	29.8453
		2	29.8935	0.0515	29.8420						
		3	29.8810	0.0385	29.8425						
		平均			29.8423						
	……	……	……	……	……	……	……	……	……	……	……
B	6B	1	16.9120	0.0430	16.8690	17	+0.250	+0.0028	−0.0006	−0.0018	16.8692
		2	17.1000	0.2315	16.8685						
		3	17.0985	0.2297	16.8688						
		平均			16.8688						
总计											186.2356

2. 温度改正

钢尺量距时的温度和标准温度不同引起的尺长变化进行的距离改正称温度改正。

一般钢尺的线膨胀系数采用 $\alpha=1.2\times10^{-5}$ 或者写成 $=0.000\,012/(\text{m}\cdot\text{℃})$。钢尺温度每变化 1℃时，每 1m 钢尺将伸长（或缩短）0.000 012m，故尺段长 L_i 的温度改正数为

$$\Delta L_t=\alpha\,(t-t_0)\,L_i \tag{4-5}$$

表 4-1 中，A-1 尺段的 $t=15℃$，$t_0=20℃$，则 A-1 尺段的温度改正数为：

$\Delta L_t=0.000\,012\times(15-20)\times29.8418=-0.0018\text{m}$

当作业时温度高于 +20℃，钢尺膨胀，温差 $(t-t_0)$ 为正，改正数为正值。当温度低于 +20℃，钢尺冷缩，温差 $(t-t_0)$ 为负，改正数为负值。

3. 倾斜改正（将倾斜距离换算成水平距离的工作）

如图 4-10 所示，倾斜改正数

$$\Delta L_h=\frac{h^2}{2L} \tag{4-6}$$

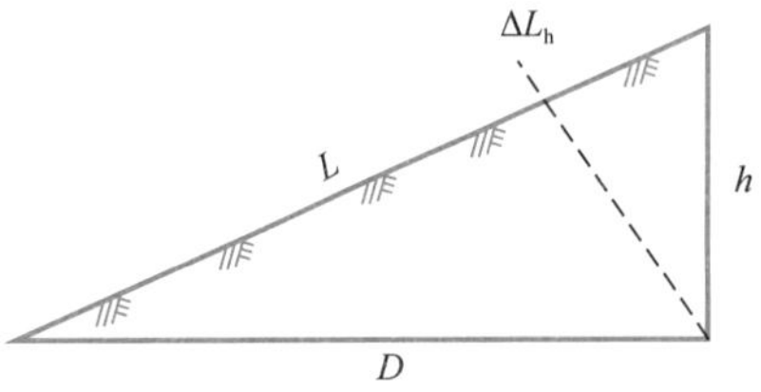

在倾斜改正数计算中，由于倾斜距离永远大于水平距离，因此倾斜改正数 ΔL_h 恒为负值。当高差 h 较大而 L 又较小时，应用 $\Delta L_h=-\dfrac{h^2}{2L}-\dfrac{h^4}{8L^3}$ 计算。通常用 $\Delta L_h=-\dfrac{h^2}{2L}$ 计算即可。

表 4-1 中，A-1 尺段高差 $h_{A-1}=-0.152\text{m}$，则 A-1 段的倾斜改正数为

图 4-10　倾斜改正

$$\Delta L_{h_{A-1}}=-\frac{(-0.152)^2}{2\times29.8418}=-0.0004\text{m}$$

4. 计算改正后尺段的水平距离

$$D_i=L_i+\Delta L_i+\Delta Lt_i+\Delta Lh_i \tag{4-7}$$

表 4-1 中，A-1 段的水平距离为：

$D_{A-1}=29.8418+0.005-0.0018-0.0004=29.8446\text{m}$

5. 计算全长

将改正后的各尺段长度加起来即得 AB 段的往测长度（表 4-1 中的 186.2356m），同样还需返测 AB 段长度并计算相对误差，以衡量丈量精度。若返测 $D_{BA}=186.240\,6\text{m}$ 则往、返丈量的平均值为 186.2381，其相对误差 $K=\dfrac{|0.005|}{186.2381}\approx\dfrac{1}{37\,200}<1/10\,000$，相对误差在限差范围内，取平均值 186.2381m 作为观测成果。

六、钢尺的检定与尺长方程式

（一）尺长方程式

钢尺由于制造中的误差及使用中的变形等因素的影响，钢尺的实际长度往往不等于名义长度（尺面上的标注的长度），用这种尺进行丈量所获得的丈量距离，肯定有误差，而且这种误差具有积累性。因此应对钢尺进行检定，求出钢尺的实际长度。实际长度是指在标准拉力下以温度为变量的函数式来表示尺长，这就是尺长方程式，其表达式为：

$$L_t = L_0 + \Delta L + aL_0(t - t_0) \tag{4-8}$$

式中　　L_t——钢尺在温度 t℃时的实际长度；

　　　　L_0——钢尺名义长度（尺面刻划注记的长度）；

　　　　ΔL——钢尺在温度 t_0 时整尺段的尺长改正数；

　　　　α——钢尺线膨胀系数（通常取 $\alpha = 1.2 \times 10^{-5}$）；

　　　　t_0——钢尺检定时的标准温度（一般 $t_0 = 20$℃）；

　　　　t——丈量时钢尺的温度（℃）。

（二）钢尺的检定方法

1. 将钢尺与标准尺比较

在精度要求不高时，可选用经过国家计量单位检定过的具有尺长方程式的钢尺作为标准尺来检定其他钢尺的方法。检定宜在室内水泥地面上进行，可按下述方法进行。

先将标准尺挂上弹簧秤，按标准拉力将尺拉直，并在地面上确定尺的终始点，为标准尺的长度。再将被检定尺也施加标准拉力，多次丈量标准长度的距离，取平均值作为被检定钢尺的实际长度，再量出被检定的钢尺与标准尺的尺长差，这样就可以根据标准尺的尺长方程式推算检定尺的尺长方程式。

【例 4-1】设标准尺的尺长方程式为 $L_{t\bar{k}} = 30 + 0.003 + 1.2 \times 10^{-5} \times 30(t-20)$(m)

被检定的钢尺，多次丈量标准长度为 29.998m，从而求得被检定钢尺的尺长方程式：

$$L_{t\acute{k}} = L_{t\bar{k}} + (30 - 29.998) = 30 + 0.003 + 1.2 \times 10^{-5} \times 30(t-20) + 0.002$$
$$= 30 + 0.005 + 1.2 \times 10^{-5} \times 30(t-20)(m)$$

2. 将被检定钢尺与基准线长度进行实量比较

在测绘单位已建立的校尺场上，利用两固定标志间的已知长度 D 作为基准线来检定钢尺的方法是：将被检定钢尺在规定的标准拉力下多次丈量（至少往返各三次）基线 D 的长度，求得其平均值 D' 测定检定时的钢尺温度，然后通过计算即可求出在标准温度 $t_0 = 20$℃时的尺长改正数，并求得该尺的尺长方程式。

【例 4-2】设已知基准线长度为 140.306m，用名义长度为 30m 的钢尺在温度 t=10℃时，多次丈量基准线长度的平均值为 140.328m，试求钢尺在 t_0=20℃的尺长方程式。

【解】被检定钢尺在 10℃时，整尺段的尺长改正数 $\Delta L = \dfrac{140.306 - 140.328}{140.328} \times 30 =$ -0.0047m，则被检定钢尺在 10℃时的尺长方程式为：$L_t = 30 - 0.0047 + 1.2 \times 10^{-5} \times 30(t-10)$；然后求被检定钢尺在 20℃时的长度为：$L_{20} = 30 - 0.0047 + 1.2 \times 10^{-5} \times 30(20-10) = 30 - 0.0011$，则被检定钢尺在 20℃时的尺长方程式为：

$$L_t = 30 - 0.0011 + 1.2 \times 10^{-5} \times 30(t-20)$$

钢尺送检后，根据给出的尺长方程式，利用式中的第二项可知实际作业中，整尺段的尺长改正数。利用式中第三项可求出尺段的温度改正数。

七、钢尺量距的误差及注意事项

（一）定线误差

由于定线不准，使所量距离不是直线，是折线，使丈量结果增大。对精度要求高的量距要用经纬仪定线。

（二）拉力误差

拉力的大小对尺子的长度有影响。30m 钢尺与 50m 钢尺标准拉力分别为 100N 和 150N。对于量距精度要求达到 1/3000 左右的一般丈量时，可以不用弹簧秤，丈量时只需拉紧尺并保持拉力均匀即可。对于精度要求较高的量距，需使用弹簧秤以控制丈量时的拉力与检定时的拉力相同。

（三）丈量误差

丈量时钢尺刻线对点不准，每段端点的测钎插不准，钢尺读数不准等引起的丈量误差，这些误差属于偶然误差。丈量时要认清钢尺的刻划注记，查看钢尺的零端、末端位置。尺要拉直、拉平、拉稳。读数要迅速准确。除仔细操作外，采用多次丈量，取平均值以提高量距精度。

（四）注意事项

钢尺严禁在地面上拖拉、车碾、人踏，否则易断裂或者压出折痕导致改变尺长。用毕要清除尺上的污垢，并涂上防锈油，加以保养。

第二节　视距测量

视距测量是利用水准仪、经纬仪等仪器的望远镜内十字丝分划板上刻有的视距丝（上、下丝）配合视距尺（一般用水准尺代用），根据几何光学和三角学原理间接测定距离和高差的一种方法。其特点是操作方便，速度快，不受地形起伏的限制，因此广泛应用于地形测绘。但精度较低，由于受大气折光和读数是否准确等影响，测量距离的精度只能达到1/300～1/200。施工测量中应用很少，有时用于输电线路，供水管道的测距。

4-3

由于望远镜十字丝分划板的上下视距丝之间的距离是定长的，因此通过这两条视距丝的视线在竖直面内的夹角也是固定的，因此视距尺离仪器越远，两条视距丝在视距尺上读数之差（尺间隔）就越大，反之，视距尺离仪器越近，尺间隔就越小。这样就可以根据视距尺上的视距丝读数之差，计算出仪器到视距尺间的距离，十分方便。

一、视距测量公式

（一）视线水平时的距离与高差的公式

如图4-11所示，A、B两点间的水平距离D与高差h分别为：

$$D=KL \tag{4-9}$$
$$h=i-v \tag{4-10}$$

式中　D——仪器到立尺点间的水平距离；

　　　K——视距乘常数，通常为100；

　　　L——望远镜上下丝在标尺上读数的差值，称视距间隔或尺间隔；

　　　h——A、B点间高差（测站点与立尺点之间的高差）；

　　　i——仪器高（地面点至经纬仪横轴或水准仪视准轴的高度）；

　　　v——十字丝中丝在尺上读数。

水准仪视线水平是根据水准管气泡居中来确定。经纬仪视线水平，是依据在竖盘水准管气泡居中时，用竖盘读数为90°或270°来确定。

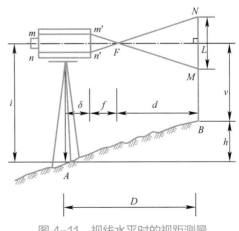

图4-11　视线水平时的视距测量

（二）视线倾斜时计算水平距离和高差的公式

如图 4-12 所示，A、B 两点间的水平距离 D 与高差 h 分别为：

$$D=KL\cos^2\alpha \qquad (4-11)$$

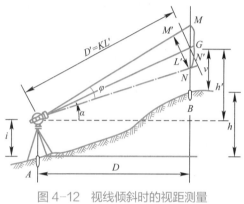

图 4-12　视线倾斜时的视距测量

$$h=\frac{1}{2}KL\sin 2\alpha +i-v \qquad (4-12)$$

式中　α——视线倾斜角（竖直角）。其他符号与前面所讲意义相同。

二、视距公式应用举例

设 $i=1.520$m，$v=1.630$m，$L=1.258$m，$\alpha=+15$℃和 -8℃，求 D、h。

根据公式（4-11）和公式（4-12），当 $\alpha=+15$℃时，则 $D=KL\cos^2\alpha=100\times 1.258\times 0.933=117.3714$m，$h=\frac{1}{2}KL\sin 2a+i-v=\frac{1}{2}\times 100\times 1.258\times 0.5+1.520-1.630=+31.34$m

当 $\alpha=-8$℃时，则 $D=KL\cos^2\alpha=100\times 1.258\times 0.981=123.410$m

$h=\frac{1}{2}KL\sin 2a+i-v=-\left(\frac{1}{2}\times 100\times 1.258\times 0.276\right)+1.520-1.630=-17.250$m 高差的正负取决于竖直角的正负（若 α 为仰角则高差为正；α 为俯角则高差为负）。

三、视距测量的观测方法

要求得 A、B 两点间的水平距离与高差，在测站上需要获取五个数（仪高 i，上、中、下三丝读数，竖盘读数）。

（一）量仪高 i

在测站上安置经纬仪，对中、整平，用皮尺量取仪器横轴至地面点的铅垂距离，取至厘米。

（二）求视距间隔 L

对准 B 点竖立的标尺，读取上、中、下三丝在标尺的读数，读至毫米。上、下丝相减求出视距间隔 L 值。中丝读数 v 用以计算高差。

（三）计算 α

转动竖盘水准管微动螺旋，使竖盘水准管气泡居中，读取竖盘读数，并计算 α。

最后将上述 i、L、v、α 四个量带入式（4-11）和式（4-12）计算 AB 两点间的水平距离 D 和高差 h。

✎ 第三节 光电测距、全站仪测距

一、光电测距

钢尺量距，视距测量，存在着精度低，效率低，而且受地形限制等缺点。与钢尺量距和视距测量相比，光电测距具有测程远、精度高、作业速度快、受地形限制少等优点，因而在测量工作中得到广泛应用。光电测距仪是以光电波作为载波的精密测距仪。目前采用了专业人员对常规测距仪的习惯称谓，按测距仪器的标称精度直接表示，并分为 1mm 级、5mm 级和 10mm 级仪器三个类别。《工程测量标准》GB 50026—2020 删去了中、短程仪器划分。

4-4

本节以建筑工程中应用红外光电测距仪为例做简要介绍。

1. 光电测距原理

如图 4-13 所示，欲测定 A、B 两点间距离 D，安置测距仪于 A 点，反光镜安置于 B 点。由测距仪发出的光束到达反光镜后又全反射回到仪器，被测距仪接收。光波在大气中的传播速度 c 是已知的（可以根据观测时的气象条件来确定，c 值约为 3×10^8m/s），如果能知道光波在待测距离 D 上往返一次传播所经过的时间 t，则计算距离的公式为：

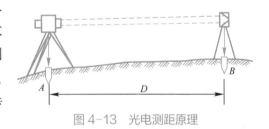

图 4-13 光电测距原理

$$D=1/2ct \tag{4-13}$$

上述直接测定光波在测线上往返传播所用的时间，按 $D=1/2ct$ 去计算距离的方法，叫脉冲法。它能达到米级精度，精度较低，通常用于远距离的测距，如星际测量，地形测量等。

由式（4-13）可知，c 是常数，测距精度取决于 t 的精度，如果测距精度要求达到 ± 1cm 时，则测距时间 t 的精度要求准确到 $\frac{2}{3} \times 10^{-11}$ 秒，这样高的计时精度是很难做到的。因此，高精度的测距，都采用相位法测距。相位法测距是根据调制波（采用高频电振荡对光进行调制）往返于被测距离上的相位差，间接测定距离的方法。也就是将距离与时间的关系，转化为距离与相位的关系，通过测定相位差来间接测定距离。

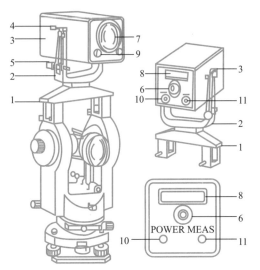

1—支架座；2—支架；3—主机；4—竖直制动螺旋；
5—竖直微动螺旋；6—发射接收镜的目镜；
7—发射接收镜的物镜；8—显示窗；9—电源电缆插座；
10—电源开关键（POWER）；11—测量键（MEAS）

图 4-14　光电测距仪

2. 光电测距仪的使用

使用光电测距仪之前，必须认真阅读使用说明书，以便正确操作使用。

（1）如图 4-14 所示，在 A 点安置经纬仪，对中、整平后将测距仪主机安装在经纬仪支架上，锁紧固定螺栓。将电池插入主机底部，扣紧。

（2）在 B 点安置反射棱镜，对中、整平。

（3）按下电源开关，开启光电测距仪，照准 B 点反光棱镜的中心点，测距仪发射的红外光经棱镜又反射回 A 点被仪器接收。

（4）测距及计算在操作面板上按键进行。A、B 两点的距离可直接在显示窗中显示出来。

一般需要重复进行 3~5 次，各次较差若不超过 5mm，则取平均值作为一测回的观测值。

3. 测距仪的使用注意事项

（1）测距时严禁将测距头对准太阳和强光源，以免损坏仪器的光电系统。阳光下必须撑伞遮阳。

（2）高压线附近不要安置测距仪，以免仪器受强磁场影响。

（3）仪器使用及保管过程中注意防振、防高温、防潮。

（4）不用时要关闭电源，长期不用时应将电池取出。

（5）与光电测距仪配合使用的反射棱镜在短程测距可用单反射棱镜。

早期的光电测距仪，通常是将测距仪主机连接安置在经纬仪上部。目前的测距仪基本与电子经纬仪、电子装置集结成一个整体。即能光电测距，也能电子测角并且还能自动计算，数据存储等多项功能。这种多功能的仪器称为电子全站仪。《工程测量标准》GB 50026—2020 已经将原测距仪器的概念修订为全站仪。随着全站仪在工程中的普遍应用，单一的测距仪已经很少使用。

二、全站仪测距（电子全站仪测距）

全站仪又称全站型电子速测仪。全站仪是由电子速测仪（光电测距仪）电子经纬仪和电子装置（数据处理系统）三部分组合而成的新型测量仪器。可以在同一个测站点上完成角度测量，距离测量，高差测量并能自动计算待定点的坐标。在施工放样测量中，可以将设计好的建（构）筑物的位置测设到施工作业面上。可以通过传输设备实现数据的存储和转输。由于只需安置一次仪器便可完成在该站上的全部测量工作。故被称之为全站仪。

目前全站仪的发展相当迅速，各种不同品牌型号的全站仪，其外观，结构，键盘设计各不相同，但就其使用功能上却大同小异。由于品牌不同、型号不同，其操作方法也会有较大差异。因此，在操作使用某台全站仪之前，必须认真仔细地阅读其使用说明书，严格按照说明书进行操作。全站仪是智能化的测绘仪器。目前全站仪在工程测量单位已普遍应用，单一的电磁波测距仪已很少使用。

现以国产 RTS110 系列（中文数字键）全站仪为例进行简要介绍。该仪器可广泛应用于国家和城市三、四等控制测量，用于铁路、公路、桥梁、水利、矿山等方面的工程测量，也可用于建筑、大型设备的安装，应用于地籍测量，地形测量和多种工程测量。

1. 全站仪的外部结构

如图 4-15 所示为 RTS110 型全站仪的外部结构。由图 4-15 可见，其外部结构与经纬仪很相似，全站仪它的两面（盘左和盘右）各设有一组键盘和液晶显示器，更方便操作。测量角度，测量距离等工作都使用的是同一个望远镜和微处理系统。RTS110 型全站仪的电子键盘，各按键的详细功能参考下表中按键功能说明（图 4-16）。该仪器的显示屏采用自发光图形式液晶显示（图 4-17），可显示 4 行汉字，每行 8 个汉字；测量时第一、二、三行显示测量数据，第四行显示对应相应测量模式中的按键功能。该功能随测量模式的不同而改变。仪器显示分测量模式与菜单模式两种，显示屏符号如图 4-18 所示。

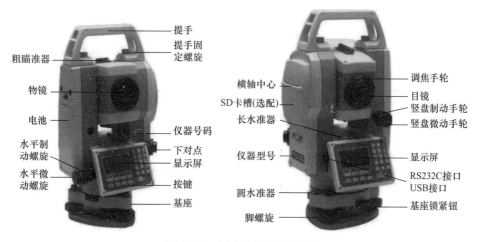

图 4-15　RTS110 型全站仪

按键	第一功能	第二功能
F1~F4	对应第四行显示的功能	功能参见所显示的信息
0~9	输入相应的数字	输入字母以及特殊符号
ESC	退出各种菜单功能	
★	进入快捷设置模式	
⊙	电源开/关	
MENU	进入仪器主菜单	字符输入时光标向左移 内存管理中查看数据上一页
ANG	切换至角度测量模式	字符输入时光标向右移 内存管理中查看数据下一页
◢	切换至平距、斜距测量模式	向前翻页 内存管理中查看上一点数据
↙	切换至坐标测量模式	向后翻页 内存管理中查看下一点数据
ENT	确认数据输入	

图 4-16　按键功能说明

显示屏

　　显示屏采用自发光图形式液晶显示(OLED，S系列为LCD)，可显示4行汉字每行8个汉字；测量时第一、二、三行显示测量数据，第四行显示对应相应测量模式中的按键功能。

　　仪器显示分测量模式与菜单模式两种。

◆ 测量模式示例：

```
VZ：81°54′21″
HR：157°33′58″

置零 锁定 置盘 P1
```
角度测量模式
天顶距：81°54′21″
水平角：157°33′58″

```
VZ：81°54′21″
HR：157°33′58″
SD：130.216m

测距 模式 S/A P1
```
距离测量模式1
天顶距：81°54′21″
水平角：157°33′58″
斜距：130.216m

```
HR：157°33′58″
HD：128.919m
VD：18.334m

测距 模式 S/A P1
```
距离测量模式2
水平角：157°33′58″
平距：128.919m
高差：18.334m

```
N：5.838m
E：−3.308m
W：0.226m

测距 模式 S/A P1
```
坐标测量模式
向北坐标：5.838m
向东坐标：−3.308m
高程：0.226m

图 4-17　显示屏

◆ 菜单模式示例：

菜单	1/3
F1: 数据采集	
F2: 放样	
F3: 存储管理	P↓

参数组1	1/2
F1: 最小角度读数	
F2: 自动电源关机	
F3: 补偿	P↓

主菜单(第1页 共3页)　　　　设置参数菜单(第1页 共2页)
按F1键进入"数据采集"　　　按F1键进入"最小角度读数"设置
按F2键进入"放样"　　　　　按F2键进入"自动电源关机"设置
按F3键进入"存储管理"　　　按F3键进入"补偿"设置

◆ 显示符号：

VZ	天顶距
VH	高度角
V%	坡度
HR/HL	水平角(顺时针增加/逆时针增加)
SD/HD/VD	斜距/平距/高差
N	北向坐标
E	东向坐标
Z	高程
PT#	点号
ST/BS/SS	测站/后视/碎部点标识
Ins. Hi(I. HT)	仪器高
Ref. Hr (R. HT)	棱镜高
ID	编码登记号
PCODE	编码
P1/P2/P3	第一/二/三页

图 4-18　显示屏符号

2. 全站仪操作与使用

（1）电池安装

将电池盒底部的凸起卡入主机，按住电池盒顶部的弹块并向仪器方向推，直至电池盒卡入位置为止。然后放开弹块。

（2）电池容量的确定

为了保证测量作业正常顺利进行，作业前应先检查一下电池容量，电池容量指示图是用来显示电池电量的总体情况。在液晶显示屏的右边显示一节电池，中间黑色填充物越多，则表示电池容量越足，如果黑色填充物很少，已经接近底部，且仪器发出连续蜂鸣声，则表示电池需要充电，此时要正确关机，并更换电池。注意当仪器处于开机状态时，不要取下电池。否则所有存储的数据都可能会丢失。电池工作时间连续距离 / 角度测量约 8 小时。

（3）安置仪器

全站仪的安置工作同经纬仪相似，也包括对中和整平两项工作。采用光学对中器对中，具体操作方法与经纬仪相同，在此不再讲述。RTS110 型全站仪是激光下对点型，故在仪器对点器的位置上是没有光学下对点器的。而在置中的时候可以通过激光下对点器在地面上投出激光点进行。

该全站仪只有在开启主机电源之后，才能开启激光对点器。在星键模式下按【F3】键进入下对点调节设置，按〔F1〕（+）键即可打开激光下对点器。在地面上可以看到一红色光斑，顺时针旋转调焦环来调整光斑大小。调整仪器光斑与地面标志点重合，方法与使用光学对点器一致。对点完成后，按 ESC 键二次结束对点。返回到第一界面（角度测量界面）。

（4）全站仪开机初始化设置

1）确认仪器已经对中整平后按绿色⊙开机键开机。

2）按提示转动望远镜一周，听到"滴"的一声响，表示仪器初始化成功，可以正常使用。

3）确认显示窗中有足够的电池电量，当显示"电池电量不足"时，应及时更换电池。

4）确认棱镜常数值（PSM）和大气改正值（PPM）按 F4（确认）键进入基本测量界面。全站仪出厂时开机后显示屏显示的测量模式是水平度盘和竖直度盘模式（角度测量模式），要进行其他测量可通过菜单进行调节（操作功能键）。

（5）全站仪距离测量

4-5

全站仪测距原理与光电测距原理类似，它是采用电磁波为载体，利用传输光波信号进行距离测量。利用已知光速 C 测定它在两点间传播的时间 t，计算距离。全站仪通过发射信号到棱镜，并接受棱镜反射回的电磁波信号，根据往返的时间，计算所测两点距离。操作时只要安置好全站仪和棱镜（目标点设立的反光棱镜），从望远镜目镜观察标志（瞄准棱镜的中心点），操作键盘可自动显示被测距离的平距和斜距、高差。

距离测量前首先需要通过操作功能键，将角度测量模式转换为距离测量模式（仪器出厂时，主机开启后显示屏显示的模式是角度测量模式）。

操作步骤如图 4-19、图 4-20 所示（在角度测量模式下）。

对于精度要求较高的距离测量，在测前通过操作仪器的键盘设置气象条件（温度和气压）棱镜常数设置等，还可以选择距离测量中的模式，精测模式、粗测模式、跟踪模式。以及还可以选择测距次数，单次测量、多次测量、连续测量。

全站仪操作注意事项：

1）仪器安置的站点和棱镜安置点都需要精确对中，整平。

2）全站仪要先安置，再开启主机电源（按开机键）后才能开启激光对点器。

3）要让安置在棱镜标杆上的圆水准器气泡居中后，再瞄准反光棱镜的中心点。

4）距离测量要选用与全站仪配套使用的反光棱镜。

距离测量(平距、高差模式)
确认在角度测量模式下。

操作步骤	按键	显示
①按两次[◢](切换)键,进入平距、高差测量模式界面。 ②照准棱镜中心。	[◢]	VZ: 89°25′55″ HR: 168°36′18″ 置零 锁定 置盘 P1
③按[F1](测距)键。 ※1) 显示测量结果。 ※2)~※4)	[F1]	VZ: 89°25′55″ HD: 0.000m VD: 0.000m 测距 模式 S/A P1
④按[ESC]键,测距值被清空。		VZ: 89°25′55″ HD: 88.886m VD: 0.042m 测距 模式 S/A P1
※1)当电子测距正在进行时,"*"号会出现在显示屏上。 ※2)测量结果显示时伴随着蜂鸣声。 ※3)测量结果根据测量模式设置的不同而改变,当模式设置为单次的时候,测量结果显示为当次测量结果;当模式设置为连续的时候,仪器最后显示为所有测量次数结果平均值;当模式设置为跟踪的时候,仪器显示的测量结果只精确到小数点后两位(cm)。 ※4)按三次[◢](切换)键,可将测量结果切换为斜距。			

图 4-19 操作步骤(一)

距离测量

距离测量(斜距模式)
确认在角度测量模式下。

操作步骤	按键	显示
①按[◢](切换)键,进入斜距测量模式界面。 ②照准棱镜中心。	[◢]	VZ: 89°25′55″ HR: 168°36′18″ 置零 锁定 置盘 P1
③按[F1](测距)键。 ※1) 显示测量结果。 ※2)~※5)	[F1]	VZ: 89°25′55″ HR: 168°36′18″ SD*[r] m 测距 模式 S/A P1
④按[ESC]键,测距值被清空。		VZ: 89°25′55″ HR: 168°36′18″ SD: 88.888m 测距 模式 S/A P1
※1)当电子测距正在进行时,"*"号会出现在显示屏上。 ※2)测量结果显示时伴随着蜂鸣声。 ※3)测量结果根据测量模式设置的不同而改变,当模式设置为单次的时候,测量结果显示为当次测量结果;当模式设置为连续的时候,仪器最后显示为所有测量次数结果平均值;当模式设置为跟踪的时候,仪器显示的测量结果只精确到小数点后两位(cm)。 ※4)按[◢](切换)键,测距结果改为平距、高差显示。 ※5)若目标被树枝等物体挡住,可能导致信号弱。因此,请保证测距时仪器与棱镜间无遮挡。			

图 4-20 操作步骤(二)

5）《工程测量标准》GB 50026—2020 关于测站技术要求中规定仪器、反光镜（或觇牌）用脚架直接在点位上整平对中时，对中偏差不大于2mm的限制，是为了减少人为误差的影响。

第四节　直线定向

要确定地面上一条直线的位置，只知道这条直线的长度还不够，必须知道这条直线与基本方向的关系。

一、直线定向的概念

确定一条直线与标准方向线之间的水平夹角关系，称之为直线定向。

二、标准方向

测量工作中常用真子午线、磁子午线、坐标纵轴（坐标x轴）作为直线定向的标准方向。

真子午线是通过地面某点并包含地球南北极点的平面与地球表面的交线。真子午线方向可用天文测量测定。

磁子午线是通过地球南北磁极所作的平面与地球表面的交线。磁子午线方向可用罗盘仪测定。

坐标纵轴（坐标x轴）是在坐标系中确定直线方向时采用的标准方向。以坐标系的纵轴（南北轴）作为标准方向。称为轴子午线线方向或坐标子午线。

三、表示直线方向的方法

（一）方位角

4-6

通过测站的子午线与测线间顺时针方向的水平夹角。由于子午线方向有真北、磁北和坐标北（轴北）之分，因此对应的方位角分别称为真方位角（用A表示）、磁方位角（用A_m表示）和坐标方位角（用α表示）。为了标明直线的方向，通常在方位角的右下方标注直线的起终点，如α_{12}表示直线起点是1，终点是2，直线1到2的坐标方位角。方位角角值范围从$0° \sim 360°$恒为正值。在书写方位角时，注意α后面脚标的顺序。

图4-21所示，ON为坐标纵轴，则α_{01}、α_{02}、α_{03}、α_{04}分别为直线$O1$、$O2$、$O3$、

O4 的坐标方位角。

（二）象限角

在测量的坐标计算中要用到象限角。由标准方向北端或南端起，顺时针或逆时针方向量到某直线所夹的水平锐角，称为该直线的象限角，并注记象限，通常用 R 表示，角值从 $0°\sim90°$ 恒为正值。图 4-22 所示，直线 O1、O2、O3、O4 的象限角分别为北东 R_1、南东 R_2、南西 R_3、北西 R_4。在坐标计算中常用到坐标象限角与坐标方位角之间的换算，其换算关系见表 4-2。

4-7

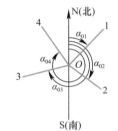

图 4-21　坐标方位角

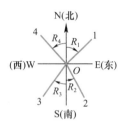

图 4-22　象限角

坐标方位角与坐标象限角的换算关系表　　　　　　　　　表 4-2

直线位置及方向	由坐标方位角 α 求坐标象限角 R	由坐标象限角 R 求坐标方位角 α
第 I 象限（北东）	$R=\alpha$	$\alpha=R$
第 II 象限（南东）	$R=180°-\alpha$	$\alpha=180°-R$
第 III 象限（南西）	$R=\alpha-180°$	$\alpha=180°+R$
第 IV 象限（北西）	$R=360°-\alpha$	$\alpha=360°-R$

α_{12} 和 R_{12} 分别表示直线 1-2 的方位角和象限角。

在一般测量工作中，通常都是采用坐标方位角来表示直线方向的，只有在坐标计算中（或者坐标反算）才可能用到象限角。象限角也有真象限角、磁象限角和坐标象限角之分。

四、正、反坐标方位角

直线是有向线段，在平面上一直线的正、反坐标方位角如图 4-23 所示，地面上 1、2 两点之间的直线 12，可以在两个端点上分别进行直线定向。在 1 点上确定 12 直线的方位角为 α_{12}，在 2 点上确定 21 直线的方位角则为 α_{21}。称 α_{12} 为直线 12 的正方位角，α_{21} 为直线 12 的反方位角。同

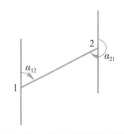

图 4-23　正、反坐标方位角

样，也可称 α_{21} 为直线 21 的正方位角，而 α_{12} 为直线 21 的反方位角。一般在测量工作中常以直线的前进方向为正方向，反之称为反方向。在平面直角坐标系中通过直线两端点的坐标纵轴方向彼此平行，因此正、反坐标方位角之间的关系式为：

$$\alpha_{反}=\alpha_{正}\pm180° \tag{4-14}$$

当 $\alpha_{正}<180°$ 时，上式用加 180°；当 $\alpha_{正}>180°$ 时，上式用减 180°。

五、坐标方位角的推算

如图 4-24 所示，已知直线 AB 的方位角 α_{AB}，用经纬仪观测了左夹角（测量前进方向左侧的水平角），现要求推算直线 BC 的坐标方位角 α_{BC}。直线 BC 的方位角可根据下式推算：

$$\alpha_{BC}=\alpha_{AB}+180°+\beta_{左} \tag{4-15}$$

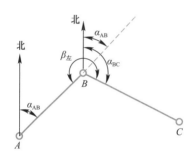

图 4-24　方位角推算左角公式示意图

如图 4-25 所示，若观测了右夹角（测量前进方向右侧的水平角）则直线 BC 的方位角为：

$$\alpha_{BC}=\alpha_{AB}+180°-\beta_{右} \tag{4-16}$$

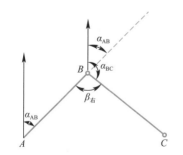

图 4-25　方位角推算右角公式示意图

上述二式用文字表达为：前一边 BC 的坐标方位角，等于后一边 AB 的坐标方位角加 180°，再加左夹角或减右夹角。计算的结果大于 360° 应减去 360°，为负值时应加 360°。

【例 4-3】如图 4-24 所示，已知 α_{AB} 为 45°25′，$\beta_{左}$ 为 235°10′ 试求 α_{BC}。

【解】$\alpha_{BC}=\alpha_{AB}+180°+\beta_{左}=45°25′+180°+235°10′-360°=100°35′$

【例 4-4】如图 4-25 所示，已知 α_{AB} 为 45°25′，$\beta_{右}$ 为 124°50′ 试求 α_{BC}。

【解】$\alpha_{BC}=\alpha_{AB}+180°-\beta_{右}=45°25′+180°-124°50′=100°35′$

💡 思考题与习题

一、判断题：

1. 钢尺量距最基本的要求是平、直、准。（　　　）

2. 直线丈量的精度用相对误差来衡量。（　　　）

3. 要使 AB 两点丈量的相对误差不超过 1/2000，现用钢尺丈量 100.000m 的长度，则往、返之差不应超过 ±0.050m。（　　　）

4. 量距精度要求达到 1/10000 以上时，用钢尺丈量时需要进行尺长改正，温度改正，倾斜改正。（　　　）

5. 精密量距是指使用检定后的钢尺，用串尺法丈量。丈量时用经纬仪定线，使用弹簧秤或拉力架，使丈量时的拉力与检定时一致，并计算尺长、温度、倾斜三项改正数。（　　　）

6. 用名义长为 30.000m 的钢尺丈量某段距离，丈量前与标准尺作比较，其实长为 29.996m，则每一整尺段的尺长改正数为 -0.004m。（　　　）

7. 视线倾斜时的视距测量，经纬仪在测站 A 点要获得五个数，量仪高 i，读 B 点水准尺上、中、下三丝读数。读竖盘读数，求出竖直角 α 才能求出 D_{AB} 及 h_{AB}。（　　　）

8. 地面上各点的坐标纵轴方向是相互平行的。（　　　）

9. 推算坐标方位角时，可以不考虑转折角是左角还是右角。（　　　）

10. 正、反坐标方位角的关系是 $\alpha_{反}=\alpha_{正}\pm180°$。（　　　）

11. 光电测距仪工作时，严禁测线上有其他反光物体或反光镜存在。（　　　）

12. 光电测距仪测距误差中存在反光镜的对中误差。（　　　）

13. 用钢尺往、返丈量 AB、CD 两段距离，$D_{AB}=307.820$m；$D_{BA}=307.720$m；$D_{CD}=102.340$m；$D_{DC}=102.440$m；说明此两段距离丈量的精度是相同的。（　　　）

14. 精密量距时，必须用经纬仪定线。（　　　）

15. AB 直线的正坐标方位角 $\alpha_{AB}=182°$，则直线 AB 的反坐标方位角 $\alpha_{BA}=362°$。（　　　）

16. AB 直线的坐标方位角为 126°35′，则其象限角为南东 53°25′。（　　　）

二、单项选择题：

1. 对某距离进行往、返丈量，结果是 $D_{往}$=30000m，$D_{反}$=30010m，其量距精度是（　　）。

A. 0.010m   B. 0.005m   C. $\dfrac{1}{3000}$ D. $\dfrac{1}{6000}$

2. 已知某直线坐标方位角 α 与其象限角 R 的关系式为 $\alpha+R=180°$，则该直线位于（　　）象限。

A. Ⅰ   B. Ⅱ   C. Ⅲ   D. Ⅳ

3. 已知某直线的坐标方位角为 180°，则其象限角为（　　）。

A. 西南 90°   B. 东南 90°   C. 南西 0°   D. 北东 90°

三、思考题：

1. 什么叫直线定线？量距时为什么要进行直线定线？如何进行目估定线与经纬仪定线？

2. 钢尺量距时可能产生哪些误差？如何提高量距的精度？

3. 为什么要对钢尺进行检定？什么是钢尺的名义长？实长？

4. 某直线用一般方法往测丈量为 125.092m，返测丈量为 125.105m，该直线的距离为多少？其精度如何？

5. 某钢尺的名义长度为 30m，在标准温度，标准拉力，高差为零的情况下，检定其长度为 29.993m，用此钢尺在 25℃条件下丈量坡度均匀，长度为 130.285m 的距离。

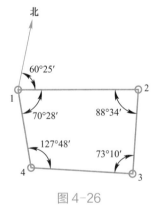

图 4-26

丈量时的拉力与钢尺检定时的拉力相同，并测得该段距离的两端点高差为 -1.5m，试求其正确的水平距离。

6. 何谓直线定向？如何表示直线的方向？

7. 设直线 AB 的坐标方位角 α_{AB}=250°00′，直线 BC 的象限角为北偏西 30°，试求小夹角 $\angle CBA$ 并绘图示意。

8. 计算图 4-26 中各边的坐标方位角。

9. 若已测得各直线的坐标方位角分别为 215°30′、176°25′、30°10′、320°20′，试分别求出它们的象限角及反坐标方位角。

小地区控制测量

 第一节 控制测量概述

在测量工作中，为统一坐标系统和限制误差的积累，应遵循"从整体到局部，先控制后碎部"的原则。也就是在测区选定若干个起控制作用的点（控制点）而构成一定的几何图形，称控制网，用来控制全局。然后根据控制网测定控制点周围的地形或进行建筑施工测量。

控制测量按其功能可分为平面控制测量和高程控制测量。

一、平面控制测量

直接供地形测图使用的控制点，称为图根控制点，测定图根点位置的工作，称为图根控制测量。在小于 15km^2 的范围内建立的控制网，称为小地区控制网。是为大比例尺测图和工程建设而建立的平面控制网。包括首级控制网和图根控制网。

在这个范围内，水准面可视为水平面，不需要将测量成果归算到高斯平面上，而是采用直角坐标，直接在平面上计算坐标。在建立小区域平面控制网时，应尽量与已建立的国家或城市控制网连测，将国家或城市高级控制点的坐标作为小区域控制网的起算和校核数据。如果测区内或测区周围无高级控制点，或者是不便于联测时，也可建立独立平面控制网。

1. 各等级控制测量的技术要求

平面控制网的建立，可采用卫星定位测量、导线测量及三角形网测量等方法。卫星定位测量技术以其精度高、速度快、全天候、操作简便而著称，已被广泛应用于测绘领域，故《工程测量标准》GB 50026—2020 将卫星定位测量技术列为平面控制网建立的首要方法。按规范要求平面控制网精度等级的划分，卫星定位测量控制网一次为二、三、四等和一、二级，导线及导线网依次为三、四等和一、二、三级，三角形网依次为二、三、四等和一、二级。表 5-1、表 5-2、表 5-3 所示的是《工程测量标准》GB 50026—2020 平面控制网的主要技术要求。

卫星定位测量控制网的主要技术要求 表 5-1

等级	平均边长（km）	固定误差（mm）	比例误差系数（mm/km）	约束点间的边长相对中误差	约束平差最弱边相对中误差
二等	9	≤10	≤2	≤1/250 000	≤1/120 000
三等	4.5	≤10	≤5	≤1/150 000	≤1/70 000
四等	2	≤10	≤10	≤1/100 000	≤1/40 000
一级	1	≤10	≤20	≤1/40 000	≤1/20 000
二级	0.5	≤10	≤40	≤1/20 000	≤1/10 000

各等级导线测量的主要技术要求 表 5-2

等级	导线长度（km）	平均长度（km）	测角中误差（″）	测距中误差（mm）	测距相对中误差	测回数				方位角闭合差（″）	导线全长相对闭合差
						0.5″级仪器	1″级仪器	2″级仪器	6″级仪器		
三等	14	3	1.8	20	≤1/150 000	4	6	10	—	$3.6\sqrt{n}$	≤1/55 000
四等	9	1.5	2.5	18	≤1/80 000	2	4	6	—	$5\sqrt{n}$	≤1/35 000
一级	4	0.5	5	15	≤1/30 000	—	—	2	4	$10\sqrt{n}$	≤1/15 000
二级	2.4	0.25	8	15	≤1/14 000	—	—	1	3	$16\sqrt{n}$	≤1/10 000
三级	1.2	0.1	12	15	≤1/7000	—	—	1	2	$24\sqrt{n}$	≤1/5000

注：1. 表中 n 为测站数；

2. 当测区测图的最大比例尺为 1∶1000 时，一、二、三级导线的平均边长及总长可适当放长，但最大长度不应大于表中规定长度的 2 倍。

图根导线测量的主要技术要求 表 5-3

导线长度（m）	相对闭合差	测角中误差（″）		方位角闭合差（″）	
		首级控制	加密控制	首级控制	加密控制
≤α×M	≤1/（2000×α）	20	30	$40\sqrt{n}$	$60\sqrt{n}$

注：1. α 为比例系数，取值以为 1，当采用 1∶500、1∶1000 比例尺测绘图时，其值可在 1～2 之间选用；

2. M 为测图比例尺的分母；但对于工矿区现状图测量，不论测图比例尺大小，M 均应取值为 500；

3. 隐蔽或施测困难地区导线相对闭合差可放宽，但不应大于 1/（1000×α）。

2. 平面控制网的布设遵循的原则

（1）首级控制网的布设，应因地制宜，且适当考虑发展。当与国家坐标系统联测时，应同时考虑联测方案。

（2）首级控制网的等级，应根据工程规模、控制网的用途和精度要求合理选择。

（3）加密控制网，可越级布设或同等级扩展。

3. 平面控制网的坐标系统，应在满足测区内投影长度变性不大于 2.5cm/km 的要求下作下列选择

（1）采用统一的高斯正形投影 3°带平面直角坐标系统。

（2）采用高斯正形投影 3°带，投影面为测区平均高程面的平面直角坐标系统。或任意带，投影面为 1985 国家高程基准面平面直角坐标系统。

（3）小测区有特殊精度要求的控制网，可采用独立坐标系统。

（4）在已有平面控制网的地区，可沿用原有的坐标系统。

（5）厂区内可采用建筑坐标系统。

4. 小地区平面控制测量

小地区平面控制测量的主要方法有小三角测量和导线测量。

小三角测量要求通视条件较高，观测时必须满足三角形的三个点互相通视，一般适合在山区地面起伏比较大的地区，而在城市中，高楼林立，通视条件无法保证，很难布设。图根三角测量已经很少使用。

导线测量布设灵活，要求通视方向少，边长可直接测定，适宜布设在视野不够开阔的地区，如城市、厂区、矿山建筑区、森林等，也适用于狭长地带的控制测量，如铁路、隧道、渠道等。随着全站仪的普及，一测站可同时完成测距、测角的全部工作，使导线成为平面控制中简单而有效的方法。

直接为测绘地形图而建立的控制网叫图根控制网，导线测量方法特别适用于图根控制网的建立。

二、高程控制网

测定控制点高程（H）所进行的测量工作，称为高程控制测量。根据高程控制网的观测方法来划分，可以分为水准网、三角高程网和 GPS 高程网等。

水准网基本的组成单元是水准线路，包括闭合水准线路和附合水准线路。三角高程网是通过三角高程测量建立的，主要用于地形起伏较大、直接水准测量有困难的地区或对高程控制要求不高的工程项目。GPS 高程控制网是利用全球定位系统建立的高程控制网。水准网采用精密水准测量的方法。一等水准网是国家高程控制网的骨干；二等水准网布设于一等水准环内，是国家高程控制网的全面基础；三、四等水准网为国家高程控制网的进一步加密。

第二节　导　线　测　量

导线测量就是依次测量各导线边的边长和各转折角，根据起算数据，推算各边的坐标方位角，从而求得各导线点的坐标。导线测量只需要相邻两导线点互相通视即可，是平面控制测量的常用方法之一。特别是地物分布较为复杂的建筑区，视线障碍较多的隐蔽地区和带状地区，尤为适用。在光电测距和电子计算技术被广泛应用的今天，以导线测量的方法来建立平面控制网得以迅速推广。

一、导线的布设形式

1. 闭合导线

如图 5-1 所示，导线从一已知高级控制点 A 开始，经过一系列的导线点 1、2、3……，最后又回到 A 点上，形成一个闭合多边形。闭合导线多用于范围较为宽阔地区的控制。

5-1

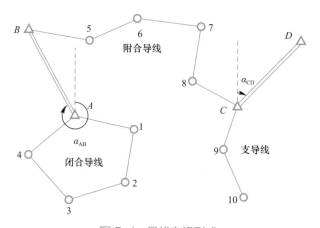

图 5-1　导线布设形式

2. 附合导线

布设在两个高级控制点之间的导线称附合导线。如图 5-1 所示，导线从已知高级控制点 A、B 开始，经过 5、6 等导线点，最后附合到另一个高级控制点 C、D 上。附合导线主要用于带状地区的控制，如铁路、公路、河道的测图控制。

3. 支导线

从一个已知控制点出发，支出 1～2 个点，既不附合至另一控制点，也不回到原来的起始点，这种形式称支导线，如图 5-1 所示中的 9、10。由于支导线缺乏检核条件，故测量规范规定指导线一般不超过两个点。它主要用于当主控导线点不能满足局部测图需要时，而采用的辅助控制。

二、导线测量的外业工作

1. 踏勘选点

在踏勘选点前，应调查收集测区已有地形图和高一级控制点的成果资料，把控制点展绘在地形图上，然后在地形图拟定导线的布设方案，最后到野外去踏勘，实地核对、修改、落实点位。如果测区没有地形图资料，则需详细踏勘现场，根据已知控制点的分布、测区地形条件及测图和施工需要等具体情况，合理的选定导线点的位置。

实地选点时，应注意下列选点原则：

（1）相邻点间通视良好，地势较平坦，以便于测角和量距；

（2）点位应选在土质坚实处，便于保存标志和安置仪器；

（3）地势高，视野开阔，便于测绘周围地物和地貌；

（4）导线边长应大致相等，避免过长、过短，相邻边长之比不应超过3倍；

（5）导线点应有足够的密度，且分布均匀，便于控制整个测区。

2. 建立标志

导线点选定后，应在地面上建立标志，并沿导线走向顺序编号，绘制导线略图。要在每个点位上打一大木桩（图5-2），桩顶钉一小钉，作为临时性标志。对等级导线点应按规范埋设混凝土桩（图5-3），桩顶刻"十"字，作为永久性标志。并在导线点附近的明显地物（房角、电杆）上用油漆注明导线点的编号和距离，并测绘草图，注明尺寸，称为"点之记"，（图5-4）。

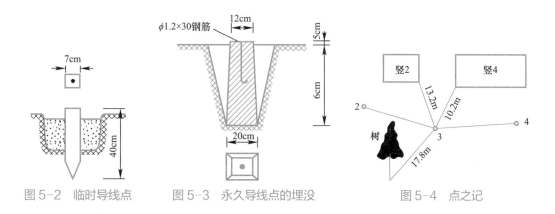

图5-2　临时导线点　　　图5-3　永久导线点的埋没　　　图5-4　点之记

3. 导线边长测量

传统导线边长可采用钢尺，视距法等方法。随着测绘技术的发展，目前全站仪已成为距离测量的主要手段。

用全站仪测边时，应往返观测取平均值。对于图根导线仅进行气象改正和倾斜改正；对于精确度要求较高的一、二级导线，应进行仪器加常数和成常数的改正。

4. 导线转折角测量

导线的转折角可测量左角或右角，按照导线前进的方向，在导线左侧的角称为左角，导线右侧的角称为右角，一般规定闭合导线测内角，附合导线在铁路系统习惯测右角，其他系统多测内角。但若采用电子经纬仪或全站型速测仪，测左角要比测右角具有较多的优点，他可以直接显示出角值、方位角等。

5. 与高级控制点连测需进行定向测量

为了计算导线点的坐标，必须知道导线各边的坐标方位角，因此应确定导线起始边的方位角。若导线起始点附近有国家控制点时，则应与控制点联测连接角，再来推算导线各边方位角。

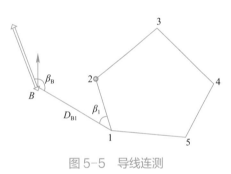

图 5-5　导线连测

如图 5-5 所示，导线与高级控制点连接，必须观测连接角 β_B、β_1 连接边 D_{B1}，作为传递坐标方位角和传递坐标之用，如果附近无高级控制点，则利用罗盘仪施测导线起始边的磁方位角，并假定起始点的坐标作为起算数据。连接角测量一般缺乏严密的检核条件，连接角应采用方向观测法测量，其圆周闭合差应不大于 ±40″。

第三节　导线测量的内业计算

导线测量内业计算是利用外业所测得的数据资料，根据已知起算数据，推算出各导线点的坐标。计算前应全面检查导线测量的外业记录，观测成果，若发现错误应及时重测，确保计算工作顺利进行。

一、导线坐标计算的概念

（一）坐标正算

1. 直角坐标表示法

直角坐标法就是用两点间的坐标增量 Δx、Δy 来表示。如图 5-6 所示，当 1 点的坐标 x_1、y_1 已知时，2 点的坐标即可根据 1、2 两点间的坐标增量算出。即：

$$x_2 = x_1 + \Delta x_{12}$$

$$(5-1)$$

$$y_2 = y_1 + \Delta y_{12}$$

2. 极坐标表示法

极坐标法就是两点间连线的坐标方位角 α 和水平距离 D 来表示。这两种坐标可以互相换算，图 5-6 所示为两点间直角坐标和极坐标的关系。根据测量出的相关位置关系数据，利用这两种坐标直角的换算关系，即可求出所需的平面坐标。

3. 坐标正算（极坐标化为直角坐标）

在平面控制坐标计算中，将极坐标化为直角坐标又称坐标正算，如图 5-6 所示，若 1、2 两点间的水平距离 D_{12} 和坐标方位角 α_{12} 都已经测量出来，即可计算此两点间的坐标增量 Δx、Δy，其计算式为：

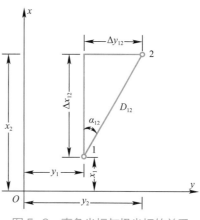

图 5-6 直角坐标与极坐标的关系

$$\Delta x_{12} = D_{12}\cos\alpha_{12}$$
$$\Delta y_{12} = D_{12}\sin\alpha_{12}$$

（5-2）

上式计算时，sin 和 cos 函数值有正、有负，因此算得坐标增量同样有正、有负。

（二）坐标反算（直角坐标化为极坐标）

由直角坐标化为极坐标的过程称作坐标反算，即已知两点的直角坐标或坐标增量，计算两点间的水平距离 D 和坐标方位角 α。可得到：

$$D_{12} = \sqrt{\Delta x_{12}^2 + \Delta y_{12}^2}$$

（5-3）

$$\alpha_{12} = \arctan\frac{\Delta y_{12}}{\Delta x_{12}}$$

（5-4）

等式左边的坐标方位角，其角值范围为 $0° \sim 360°$，而等式右边的 arctan 函数，其值域为 $-90° \sim 90°$，两者是不一致的。

故当按式（5-4）的反正切函数计算坐标方位角时，计算器上得到的是象限角值，因此，应根据坐标增量 Δx、Δy 的正、负号，按其所在的象限，再把象限角换算成相应的坐标方位角。

（三）导线测量的内业计算

导线测量内业计算的目的就是求得各导线点的平面坐标。

1. 计算之前，应注意以下几点

（1）应全面检查导线测量外业记录、数据是否齐全，有无记错、算错，成果是否符合精度要求，起算数据是否准确。

（2）绘制导线略图，把各项数据标注于图上相应位置。

（3）确定内业计算数字取位的要求。内业计算中的取位，对于四等以下各级导线，角值至少（″），边长及坐标取至毫米（mm）。对于图根导线，角值取至秒（″），边长和坐标取至厘米（cm）。

2. 闭合导线的坐标计算

导线计算的目的是推算各导线的坐标 $x_i y_i$，下面结合实例介绍闭合导线的计算方法。计算前必须按计算要求对观测成果进行检查和核算，然后将观测的内角，边长填入表 5-4 中的 2、6 栏，起始边方位角和起点坐标填入 5、11、12 栏顶上格（带有横线的值）。对于四等以下导线角值取至秒，边长和坐标取至毫米，图根导线、边长和坐标取至厘米，并绘出导线草图。在表内进行计算。

（1）角度闭合差的计算与调整 n 边形内角和的理论值

$$\Sigma\beta_{理}=(n-2)\times180° \tag{5-5}$$

由于测角误差，使得实测内角和 $\Sigma\beta_{测}$ 与理论值不符，产生的角度闭合差 f_β，即

$$f_\beta=\Sigma\beta_{测}-\Sigma\beta_{理} \tag{5-6}$$

各级导线角度闭合差的容差值 $f_{\beta容}$ 参照表中"方位角闭合差"栏。当 $f_\beta\leqslant f_{\beta容}$ 时，可进行闭合差调整将 f_β 以相反的符号平均分配到各观测角去。其角度改正数为：

$$v_\beta=-\frac{f_\beta}{n} \tag{5-7}$$

改正后角值为：$\beta_i=\beta_i'+v_\beta$ 当 f_β 不能整除时，则将余数分配到若干短边所夹角度上去。调整后的角值必须满足：$\Sigma\beta_{理}=(n-2)\times180°$。否则表示计算有误。

（2）各边坐标方位角推算

根据导线点编号，导线内角改正值和起始边，即可按公式

$$\alpha_{前}=\alpha_{后}\pm180°+\beta_{左} \tag{5-8}$$
$$\alpha_{前}=\alpha_{后}\pm180°-\beta_{右}$$

依次计算 α_{23}、α_{34}、α_{41}，直到回到起始边 α_{12}。（填入表 5-4 中 5 栏）经校核无误，方可继续往下计算。点坐标增量。如图 5-7 所示，闭合导线纵横坐标增量的总和理论值应等于零，即

$$\Sigma\Delta x_{理}=0$$
$$\Sigma\Delta y_{理}=0$$

由于量边误差和改正角值的残余误差，其计算的观测值 $\Sigma\Delta x_{理}$、$\Sigma\Delta y_{理}$ 不等于零，与理论值之差，称为坐标增量闭合差，即

$$f_x=\Sigma\Delta x_{测}-\Sigma\Delta x_{理}=\Sigma\Delta x_{测} \tag{5-9}$$
$$f_y=\Sigma\Delta y_{测}-\Sigma\Delta y_{理}=\Sigma\Delta y_{测}$$

表 5-4

闭合导线坐标计算表

点号	观测角 (° ′ ″)	改正数 (″)	改正后的角值 (° ′ ″)	坐标方位角 (° ′ ″)	边长 (m)	增量计算值 Δx′ (m)	增量计算值 Δy′ (m)	改正后的增量值 Δx (m)	改正后的增量值 Δy (m)	坐标 x (m)	坐标 y (m)
1										500.00	500.00
				124 59 43	105.22	−3 / −60.34	+2 / +86.20	−60.37	+86.22		
2	107 48 30	+13	107 48 43							439.63	586.22
				52 48 26	80.18	−2 / +48.47	+2 / +63.87	+48.45	+63.89		
3	73 00 20	+12	73 00 32							488.08	650.11
				305 48 58	129.34	−3 / +75.69	+2 / −104.88	+75.66	−104.86		
4	89 33 50	+12	89 34 02							563.74	545.25
				215 23 00	78.16	−2 / −63.72	+1 / −45.26	−63.74	−45.25		
1	89 36 30	+13	89 36 43	124 59 43						500.00	500.00
Σ	359 59 10	50	360 00 00		392.90	+0.1	−0.07	0.00	0.00		

导线略图

辅助计算

$f_\beta = \Sigma\beta_测 - (4-2)\times 180 = -50''$　　$f_{\beta容} = \pm 60''\sqrt{n} = \pm 120''$

$f_x = \Sigma\Delta x_测 = +0.1$　　$f_y = \Sigma\Delta y_测 = -0.07$

$f_D = \sqrt{f_x^2 + f_y^2} = 0.12\text{m}$

$K = \dfrac{f_D}{\Sigma D} = \dfrac{1}{3200}$　　容许相对闭合差：$\dfrac{1}{2000}$

表 5-5

附合导线坐标计算表

点号	观测角 (° ′ ″)	改正数 (″)	改正后的角值 (° ′ ″)	坐标方位角 (° ′ ″)	边长 (m)	增量计算值 Δx′ (m)	增量计算值 Δy′ (m)	改正后的增量值 Δx (m)	改正后的增量值 Δy (m)	坐标 x (m)	坐标 y (m)
A′				93 56 15							
A（PI）	186 35 22	−3	186 35 19	100 31 10	86.09	−15.73	+84.64 (−1)	−15.73	+84.63	167.81	219.17
P2	163 31 14	−4	163 31 10	84 02 44	133.06	+13.80	132.34 (−1)	+13.80	+132.33	152.08	303.80
P3	184 39 00	−3	184 38 57	88 41 41	155.64	+3.55 (−1)	+155.60 (−2)	+3.54	155.58	165.88	436.13
P4	194 22 30	−3	194 22 27	103 04 08	155.02	−35.05	+151.00 (−2)	−35.05	+150.98	169.42	591.71
B（P5）	163 02 47	−3	163 02 44	86 06 52						134.37	742.69
B′											
Σ	892 10 53	−16″	892 10 37		529.81	−33.43	+523.58	−33.44	+523.52		

导线略图

$f_\beta = \alpha_{A'A} + \sum\beta_测 - n \cdot 180 - \alpha_{BB'} = +16''$

$f_{\beta容} = \pm 60''\sqrt{n} = \pm 134''$

$f_x = \sum\Delta x_测 - \sum\Delta x_理 = +0.01$

$f_y = \sum\Delta y_测 - \sum\Delta y_理 = +0.06$

$f_D = \sqrt{f_x^2 + f_y^2} = 0.06\text{m}$

$K = \dfrac{f_D}{\sum D} = \dfrac{1}{8800}$　　容许相对闭合差：$\dfrac{1}{2000}$

辅助计算

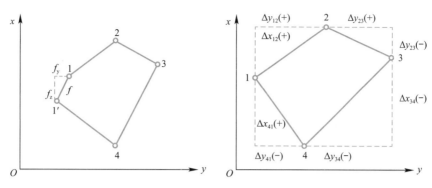

图 5-7　坐标增量闭合差及导线坐标增量计算

如图 5-7 所示，由于 $f_x f_y$ 的存在，使得导线不闭合而产生 f，称为导线全长闭合差，即

$$f = \sqrt{f_x^2 + f_y^2} \qquad (5-10)$$

f 值与导线长短有关，通常以全长相对闭合差 k 来衡量导线的精度。即

$$k = \frac{f}{\Sigma D} = \frac{1}{\Sigma D / f} \qquad (5-11)$$

式中，ΣD 为导线全长。当 k 在容许值范围内，可将以 f_x，f_y 相反符号按边长成正比分配到各增量中去，其改正数为：

$$v_{xi} = -\frac{f_x}{\Sigma D} \times D_i \qquad v_{yi} = -\frac{f_y}{\Sigma D} \times D_i \qquad (5-12)$$

按增量的取位要求，改正数凑整至 cm 或 mm，凑整后的改正数和必须与反号的增量闭合差相等。然后将表中 7、8 栏相应的增量计算值加改正数计算改正后的增量。

（3）坐标计算　根据起点已知坐标和改正后的增量。按式（5-1）依次计算 2、3、4 直至回 1 点坐标。以资检查。

3. 附合导线的坐标计算

（1）角度闭合差 f 中 $\Sigma\beta_{\text{理}}$ 的计算，如表 5-5 略图所示，已知始边和终边方位角 $\alpha_{A'A}$ 导线各转折角（左角）β 的理论值应满足下列关系式：

$$\alpha_{A'A} = \alpha_{A'A} - 180° + \beta_1$$
$$\alpha_{23} = \alpha_{A2} - 180° + \beta_2$$

将上列式取和

$$\cdots\cdots$$

$$\alpha_{BB'} = \alpha_{A'A} - 5 \times 180° + \beta_2$$

式中 $\Sigma\beta$ 即为各转折角（包括连接角）理论值的总和。写成一般式，则

$$\Sigma\beta_{\text{理左}} = \alpha_{\text{终}} - \alpha_{\text{始}} + n \times 180° \qquad (5-13)$$

同理，为右角时

$$\Sigma\beta_{理右}=\alpha_{始}-\alpha_{终}+n\times180° \tag{5-14}$$

当观测左角时的角度闭合差为：

$$f_{\beta左}=\Sigma\beta_{测}-\Sigma\beta_{理左}=\Sigma\beta_{测}+\alpha_{始}-\alpha_{终}-n\times180° \tag{5-15}$$

观测右角的角度闭合差为：

$$f_{\beta右}=\Sigma\beta_{测}-\Sigma\beta_{理右}=\Sigma\beta_{测}-\alpha_{始}+\alpha_{终}-n\times180° \tag{5-16}$$

（2）坐标增量 f_x、f_y 闭合差中 $\Sigma\Delta x_{理}$、$\Sigma\Delta y_{理}$ 的计算，由附合导线图可知，导线各边在纵横坐标轴上投影的总和，其理论值应等于终、始点坐标之差，即

$$\Sigma\Delta x_{理}=x_{终}-x_{始}$$
$$\Sigma\Delta y_{理}=y_{终}-y_{始} \tag{5-17}$$

附合导线的导线全长闭合差、全长相对闭合差和容许相对闭合差的计算，以及增量闭合差的调整等，均与闭合导线相同。附合导线计算过程，见表 5-5 的算例。

以上计算需运用专业计算器，除普通型功能键外，它还应设有三角函数键等，可进行三角函数运算，常用的有 SHARP EL-5812、CASIO fx-120/140、国产天鹅牌 fx-505 等。

举例说明卡西欧 fx-120 操作法：

按 ON 开机后，首先要按 DRG 键把角度状态设置为 DEG，即圆周为 360°制（RAD 为弧度状态，GRA 表示圆周为 400g 制）。计算器运算时要将度分秒转变成度，计算器才能运算，如要计算 cos166°39′36″的结果，则先输入 166.3936，然后按 DEG 键转变为 166.66°，再按 cos 键即可算得 cos166°39′36″的结果为 -0.97 301 803；按 sin 键即可算得 sin166°39′36″的结果为 0.230 729 088。

用计算器进行角度加减运算时也应先将度分秒转变成度后才加减，最后再将结果从度转化成度分秒。如 166°39′36″+54°27′27″=？首先输入 166.3936 按 DEG 键显示 166.66，按 + 键后输入 54.4727 按 DEG 键显示 54.79 083 333，按 = 显示 221.14 508 333，再按 2ndf　DEG 即可得到最后结果为 211°27′03″。

举例说明卡西欧 fx-5800P 操作法：

如要计算 cos166°39′36″的结果，先按■■■键再按 166 加■■■度分秒键，然后再按 39 再按■■■，然后再按 36 再按■■■，最后按等于即得出最后结论。

4. 支导线坐标计算

支导线中没有多余观测值，因此也没有任何闭合差产生，导线转折角和坐标增量不需要进行改正，其计算步骤如下：

（1）根据观测的转折角推算各边方位角；

（2）根据各边方位角和边长计算坐标增量；

（3）根据各边的坐标增量推算各点的坐标。

第四节　高程控制测量

小地区的高程控制测量就是在整个场区建立可靠的水准点，组成一定形式的水准路线（一般为闭合水准路线），一般情况下可布置为四等水准路线，水准点的密度应尽可能满足一次仪器即可测设所需的高程点，平面控制点亦可兼高程控制点。水准网一般布设成两级，首级网作为整个场地的高程基本控制，一般情况下按四等水准测量的方法确定水准点高程，并埋设永久性标志。若因某些部位测量精度要求较高时，可在局部范围采用三等水准测量，设置三等水准点。加密水准网以首级水准网为基础，可根据不同的要求按四等水准或图根水准的要求进行布设。

小地区一般以三等或四等水准网作为首级高程控制，地形测量时，再用图根水准测量或三角高程测量进行加密。

一、三、四等水准测量

1. 三、四等水准测量技术要求

三、四等水准测量除用于国家高程控制网的加密外，还可用于建立小地区首级高程控制。三、四等水准路线的布设，在加密国家控制点时，多布设为附合水准路线、结点网的形式，在独立测区作为首级高程控制时，应布设成闭合水准路线的形式；而在山区、带状工程测区，可布设为水准支线。三、四等水准测量的主要技术要求按照《工程测量标准》GB 50026—2020 详见表 5-6~表 5-8。

5-2

水准测量主要技术要求　　　　　表 5-6

等级	每千米高差全中误差（mm）	路线长度（km）	水准仪级别	水准尺	观测次数		往返较差、附合或环线闭合差	
					与已知点联测	附合或环线	平地（mm）	山地（mm）
三等	6	≤50	DS₁、DSZ₁	条码因瓦、线条式因瓦	往返各一次	往一次	$12\sqrt{L}$	$4\sqrt{n}$
			DS₃、DSZ₃	条码式玻璃钢、双面		往返各一次		
四等	10	≤16	DS₃、DSZ₃	条码式玻璃钢、双面	往返各一次	往一次	$20\sqrt{L}$	$6\sqrt{n}$

续表

等级	每千米高差全中误差（mm）	路线长度（km）	水准仪级别	水准尺	观测次数		往返较差、附合或环线闭合差	
					与已知点联测	附合或环线	平地（mm）	山地（mm）
五等	15	—	DS₃、DSZ₃	条码式玻璃钢、单面	往返各一次	往一次	$30\sqrt{L}$	

注：1. 结点之间或结点与高级点之间的路线长度不应大于表中规定的70%；
2. L为往返测段、附合或环线的水准路线长度（km），n为测站数；
3. 数字水准测量和同等级的光学水准测量精度要求相同，作业方法在没有特指的情况下均称为水准测量；
4. DSZ₁级数字水准仪若与条码式玻璃钢水准尺配套，精度降低为DSZ₃级；
5. 条码式因瓦水准尺和线条式因瓦水准尺在没有特指的情况下均称为因瓦水准尺。

数字水准仪观测的主要技术要求　　　　表5-7

等级	水准仪级别	水准尺类别	视线长度（m）	前后视的距离较差（m）	前后视的距离较差累积（m）	视线离地面最低高度（m）	测站两次观测的高差较差（mm）	数字水准仪重复测量次数
二等	DSZ₁	条码式因瓦尺	50	1.5	3.0	0.55	0.7	2
三等	DSZ₁	条码式因瓦尺	100	2.0	5.0	0.45	1.5	2
四等	DSZ₁	条码式因瓦尺	100	3.0	10.0	0.35	3.0	2
	DSZ₁	条码式玻璃钢尺	100	3.0	10.0	0.35	5.0	2
五等	DSZ₃	条码式玻璃钢尺	100	近似相等	—	—	—	—

注：1. 二等数字水准测量观测顺序，奇数站应为后—前—前—后，偶数站应为前—后—后—前；
2. 三等数字水准测量观测顺序应为后—前—前—后；四等数字水准测量观测顺序应为后—后—前—前；
3. 水准观测时，若受地面振动影响时，应停止测量。

光学水准仪观测的主要技术要求　　　　表5-8

等级	水准仪级别	视线长度（m）	前后视距差（m）	任一测站上前后视距差累积（m）	视线离地面最低高度（m）	基、辅分划或黑、红面读数较差（mm）	基、辅分划或黑、红面所测高差较差（mm）
二等	DS₁、DSZ₁	50	1.0	3.0	0.5	0.5	0.7
三等	DS₁、DSZ₁	100	3.0	6.0	0.3	1.0	1.5
	DS₃、DSZ₃	75				2.0	3.0
四等	DS₃、DSZ₃	100	5.0	10.0	0.2	3.0	5.0
五等	DS₃、DSZ₃	100	近似相等	—	—	—	—

注：1. 二等光学水准测量观测顺序，往测时，奇数站应为后—前—前—后，偶数站应为前—后—后—前，返测时，奇数站应为前—后—后—前，偶数站应为后—前—前—后；
2. 三等光学水准测量观测顺序应为后—前—前—后；四等光学水准测量观测顺序应为后—后—前—前；
3. 二等水准视线长度小于20m时，视线高度不应低于0.3m；
4. 三、四等水准采用变动仪器高度观测单面水准尺时，所测两次高差较差，应与黑面、红面所测高差之差的要求相同。

2. 三、四等水准测量的观测和记录方法有双面尺法和单面尺法，现以双面尺法为例介绍其观测方法。

双面尺法：采用的水准尺为双面尺，在测站上应按以下顺序观测和读数，读数应填入记录表 5-9 的相应位置。

三、四等水准测量观测手簿　　　　　表 5-9

测站	测点	后尺 下丝 上丝	前尺 下丝 上丝	方向及尺号	水准尺读数（m）		K+黑-红（m）	平均高差（m）	备注
		后视距	前视距		黑面	红面			
		视距差 D（m）	累积差 Σd（m）						
		（1） （2） （9） （11）	（4） （5） （10） （12）	后 前 后－前	（3） （6） （15）	（8） （7） （16） ±0.100	（14） （13） （17）	（18）	
1	BM_A-TP_1	1.580 1.244 33.6 -0.3	1.026 0.687 33.9 -0.3	后1 前2 后－前	1.412 0.856 +0.556	6.198 5.544 0.654 -0.100	+0.001 -0.001 0.000	+0.555	
2	TP_1-TP_2	1.714 1.258 45.6 -0.2	1.912 1.454 45.8 -0.5	后2 前1 后－前	1.486 1.683 -0.197	6.173 6.470 -0.297 +0.100	0.000 0.000 0.000	-0.197	K_1=4.787 K_2=4.687
3	TP_2-TP_3	1.861 1.397 46.4 +0.3	1.175 0.714 46.1 -0.2	后1 前2 后－前	1.629 0.944 0.685	6.416 5.631 0.785 +0.100	0.000 0.000 0.000	+0.685	
4	TP_3-BM_1	2.101 1.540 56.1 -0.1	1.753 1.191 56.2 -0.3	后2 前1 后－前	1.820 1.366 0.454	6.506 6.153 0.353 +0.100	+0.001 0.000 +0.001	+0.4535	

每页检核

$\Sigma[(3)+(8)]-\Sigma[(6)+(7)]=31.641-28.647=+2.994$

$\Sigma[(15)+(16)]=+2.994$

$\Sigma(18)=1.497$

$2\Sigma(18)=2.994$

$\Sigma(9)-\Sigma(10)=181.7-182.0=-0.3$

总视距$=\Sigma(9)+\Sigma(10)=363.7$

一个测站 A-TP_1 的观测顺序：按照"后—前—前—后"的观测顺序。

将水准仪安置在 A、TP_1 之间，并距离两点大致相等位置上，调平仪器，将双面尺黑白面（即尺底零刻划面）朝向水准仪。

后视 A 点水准尺，精平，读上、下、中丝读数，记为（1）、（2）、（3）；

前视 TP_1 上水准尺，精平，读上、下、中丝读数，记为（4）、（5）、（6）；

将红白面朝向水准仪；

前视 TP_1 尺，精平，读中丝读数，记为（7）；

后视 A 尺，精平，读中丝读数，记为（8）。

测站计算与检核：

① 视距的计算：

后视距离：（9）=〔（1）－（2）〕×100

前视距离：（10）=〔（4）－（5）〕×100

前、后视距差：（11）=（9）－（10）

前、后视距累计差：（12）=上站（12）+本站（11）

② 同一水准尺黑、红面中丝读数检核：

前尺：（13）=（6）+K_1－（7）

后尺：（14）=（3）+K_2－（8）

③ 高差计算与检核：

黑面高差：（15）=（3）－（6）

红面高差：（16）=（8）－（7）

黑、红面高差之差检核：（17）=（15）－〔（16）±0.100〕=（14）－（13）

平均高差：（18）=〔（15）+（16）±0.100〕÷2（当后视尺底起点为4.687m，前视尺底起点为6.787m时，取＋；反之，取－）。表中1、3站取－；2、4站取＋。

第二站观测时，仪器移到 TP_1、TP_2 之间，TP_1 点水准尺不动，将 A 点水准尺移到 TP_2 点，继续观测，直到测完整个测段。

④ 每页计算检核

高差计算：

红、黑面后视读数总和减去红、黑面前视读数总和，应等于红、黑面高差总和，还应等于平均高差总和的2倍。

即：Σ〔（3）+（8）〕$-\Sigma$〔（6）+（7）〕=Σ〔（15）+（16）〕=2Σ（18）（此式适用于测站数为偶数）。

Σ〔（3）+（8）〕$-\Sigma$〔（6）+（7）〕=Σ〔（15）+（16）〕=2Σ（18）±0.100（此式适用于测站数为奇数）。

视距计算：

后视距离总和减去前视距离总和，应等于末站视距累计差。

即：Σ（9）$-\Sigma$（10）=末站Σ（12）

总视距 $=\Sigma（9）+\Sigma（10）$

⑤ 三、四等水准路线的内业计算

各测站、测段观测完成后，整个水准路线的内业计算同第二章中介绍的水准路线内业计算相同。

二、图根水准测量

图根水准测量用于测定测区首级平面控制点和图根点的高程。在小地区，图根水准测量可用作布设首级高程控制，其精度低于国家四等水准测量，故又称为等外水准测量。图根水准测量可将图根点布设成附和路线或闭合路线，其观测、记录和计算方法参见第二章内容。

三、三角高程测量

三角高程测量原理

当测区地形起伏较大且不便于进行水准测量时，通常采用三角高程测量，即根据地面两点间的距离和竖直角，利用三角函数关系求出两点间高差，进而求算待定点高程的方法。

5-3

进行三角高程测量时，应测定两点间的水平距离或斜距及竖直角。根据测量距离的方法不同，三角高程测量又分为光电测距三角高程测量和经纬仪三角高程测量，前者可以代替四等水准测量，后者主要用于山区图根高程控制。如图 5-8 所示，欲测定 A、B 两点间的高差，安置经纬仪于 A 点，在 B 点竖立标杆。设仪器高为 i，标杆高为 v，已知两点间水平距离为 D 望远镜瞄准标杆顶点 M 时测得竖直角为 α，从图中看出高差 h_{AB} 公式为

$$h_{AB}=D\times\tan\alpha+i-v$$

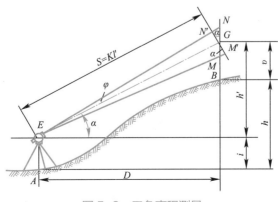

图 5-8 三角高程测量

已知 A 点高程 H_A，则 B 点高程 H_B 计算公式为

$$H_B = H_A + h_{AB}$$

当 $v=i$ 时，计算更简便。为消除地球曲率和大气折光对高差的影响，三角高程测量应往返观测，即对向观测，由 A 观测 B，又由 B 观测 A。往返观测高差之差不大于限差时，取平均值作为两点间的高差。

第五节　GPS 全球定位系统测量简介

GPS 即英文 Global Positioning System（全球定位系统）的简称。20 世纪 70 年代，为了对陆、海、空三大领域提供实时、全天候和全球性的导航服务，由美国陆海空三军联合研制了新一代空间卫星导航定位系统。它不仅可以应用于全球导航服务，还可以用于情报收集、核爆监测和应急通信等一些军事目的。经过几十年的研究实验，总耗资高达 300 亿美元，到 1994 年 3 月，已经顺利完成了 24 颗 GPS 卫星星座的布设，全球覆盖率高达 98%。

卫星定位高程测量采用卫星定位拟合高程测量或利用区域似大地水准面精化成果获取点位正常高的方法。GPS 相对定位得到的基线向量，经平差后可得到高精度的大地高程。若网中有一点或多点具有精确的 WGS—84 大地坐标系的大地高程，则在 GPS 网平差后，可得各 GPS 点的 WGS—84 大地高程。

大地高系统是以参考椭球面为基准面的高程系统。某点的大地高是该点到通过该点的参考椭球的法线与参考椭球面的交点间的距离。大地高也称为椭球高，大地高一般用符号 h 表示。大地高是一个纯几何量，不具有物理意义，同一个点，在不同的基准下，具有不同的大地高。

正高系统是以大地水准面为基准面的高程系统。某点的正高是该点到通过该点的铅垂线与大地水准面的交点之间的距离。

正常高系统是以似大地水准面为基准的高程系统。某点的正常高是该点到通过该点的铅垂线与似大地水准面的交点之间的距离。

一、GPS 全球定位系统的组成

GPS 全球定位系统有三大部分组成，它们分别是空间星座部分、地面监控部分、用户定位部分。

1. 空间星座部分

GPS 卫星星座是由 24 颗卫星组成，其中包括 21 颗工作卫星和 3 颗备用卫星。

分别分布在 6 个近圆形轨道面内，并且每个轨道内有 4 颗卫星。轨道的平均高度为 20 000km（图 5-9），卫星的运行周期约为 11h58min，这样可以保证世界各地同一时刻至少会观测到四颗 GPS 卫星。

GPS 卫星主体呈圆柱形（图 5-10），它能通过主体两侧张开的对日定性系统电池板来获取太阳能，为 GPS 工作提供能量。

图 5-9　GPS 卫星星座

图 5-10　GPS 工作卫星

GPS 卫星通过向地面发射导航信号，同时接受地面注入站发来的导航电文，实现卫星空间定位以及执行主控站的控制指令。

2. 地面监控系统

GPS 地面控制系统由 1 个主控站，3 个注入站，5 个监控站组成。

主控站位于美国科罗拉多州斯普林斯的联合航天操作中心，3 个注入站分别位于大西洋的阿松森群岛、印度洋的迭戈伽西亚和太平洋的卡瓦加兰。主控站和注入站分别具有 4 个监测站功能。此外，在夏威夷建立了第五个监测站。

主控站的作用是将监测站的观测数据进行推算，编制各卫星的星历，卫星钟差、大气层修正参数，并将这些数据通过导航电文的方式传送到注入站。同时，主控站可以根据卫星的具体运行情况协调卫星之间的工作或是启动备用卫星代替故障卫星。

注入站主要负责将主控站所传输的数据及指令注入卫星存储系统中，并监测注入信息的正确性。

监控站的主要任务是对 GPS 卫星进行连续观测，将所观测的数据发回主控站，通过主控站的分析，了解 GPS 卫星的工作状况。

3. GPS 用户设备部分

用户设备部分主要由 GPS 接收机硬件和相应的数据处理软件组成。

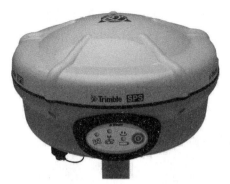

图 5-11　精密定位用接收机

GPS 接收机主要由主机、天线和电源二部分组成（图 5-11）。主要任务是对 GPS 卫星发射的信号进行处理，测出 GPS 卫星信号到达接收天线所需时间，并实时的计算出接收天线的三维坐标。GPS 接收机按用途可分为导航型、测地型、授时型。按载波频率分为单频接收机、双频接收机。

单频接收机只能接收 L1 载波信号，测定载波相位观测值进行定位。由于不能有效消除电离层延迟影响，单频接收机只适用于短基线（＜15km）的精密定位。

双频接收机可以同时接收 L1，L2 载波信号。利用双频对电离层延迟的不一样，可以消除电离层对电磁波信号的延迟的影响，因此双频接收机可用于长达几千公里的精密定位。

未来，随着电子技术的迅速发展，GPS 接收机的集成化越来越高，体积越来越小，价钱也越来越便宜。

二、GPS 卫星定位基本原理

5-4

GPS 定位方法按接收天线的运动状态可分为静态定位和动态定位，按照测距原理的不同可分为 GPS 伪距定位、GPS 载波相位定位和 GPS 差分定位。

1. GPS 伪距定位

GPS 伪距定位通过 GPS 接收机锁定 4 颗以上的卫星，接收卫星发射的测距信息，从而确定卫星到接收机之间的空间距离。

卫星所发射的测距信号分为 C/A 码和 P 码。C/A 码频率 1.023MHz，重复周期 1ms，码间距 1μs，相当于 300m；P 码频率 10.23MHz，重复周期 266.4d，码间距 0.1μs，相当于 30m。通常 P 码用于发给特许用户，而 C/A 码用于发给非特许用户。

当用一测站所得精度不能满足用户要求时，可以选择多测站安置 GPS 接收进行空间定位。所得数据的精度值可大幅度提高。

2. GPS 载波相位定位

GPS 载波相位定位主要利用卫星发射的载波 L1 和 L2 分别作为测距信号进行比较分析，计算地面测站点与卫星之间伪距的方法。详见相关操作说明。

3. GPS 差分定位

GPS 差分定位是通过在已知坐标点上安置 GPS 接收机，测定接收站与卫星的精确距离，并把正确的距离发回到运动中的 GPS 接收机进行实时校正，从而消除外界环境对 GPS 测量精度的影响。目前精度最高的差分方法为载波相位实时差分（RTK），其精度可达 1～2cm。

三、GPS 测量的特点

相对于常规测量来说，GPS 测量主要有以下特点：

1. 测量精度高

GPS 观测的精度明显高于一般常规测量，在小于 50km 的基线上，其相对定位精度可达 1×10^{-6}，在大于 1000km 的基线上可达 1×10^{-8}。

2. 测站间无需通视

GPS 测量不需要测站间相互通视，可根据实际需要确定点位，使得选点工作更加灵活方便。

3. 观测时间短

随着 GPS 测量技术的不断完善，软件的不断更新，在进行 GPS 测量时，静态相对定位每站仅需 20min 左右，动态相对定位仅需几秒钟。

4. 仪器操作简便

目前 GPS 接收机自动化程度越来越高，操作智能化，观测人员只需对中、整平、量取天线高及开机后设定参数，接收机即可进行自动观测和记录。

5. 全天候作业

GPS 卫星数目多，且分布均匀，可保证在任何时间、任何地点连续进行观测，一般不受天气状况的影响。

6. 提供三维坐标

GPS 测量可同时精确测定测站点的三维坐标，其高程精度已可满足四等水准测量的要求。

四、GPS 的测量实施

GPS 测量主要分为外业测量和内业检核计算两大部分。外业部分主要包括 GPS 测点的选择、测站点标记的建立，外业测量、外业测量数据的检核等。内业主要进行对外业数据的处理、计算等工作。

GPS 控制网根据不同用户的需求，确定不同的布网方案。与传统的测量方法相比，GPS 测量所具有的优势在于控制网上的两点并不要求通视，这样更便于控制网的布置。

GPS 控制网的所构成的图形一般为三角形网、环形网、星形网。

1. GPS 选点

由于 GPS 测量不严格要求通视，所以选点工作相对比较简便，但是需要了解相关测区的地形及原有坐标点的分布情况。GPS 选点一般要避开电磁辐射装置，防止其对 GPS 卫星信号的干扰，GPS 选点一般选择地势平坦，视野开阔，交通便利的地方，利于控制网的联测。

在选完 GPS 点后，应对本点设立标石，绘制点之记，以便以后应用。

2. GPS 外业观测

GPS 外业观测主要分为安置天线，观测作业以及观测记录。

图 5-12　GPS 接收机的安置

GPS 测量对于天线安置的要求很高，需要把仪器安置在三角架上，进行对中，然后调整三角架高度，使得基座上的圆水准器气泡居中，调整仪器的定向标记线，使其指向正北，并量取天线高（图 5-12）。

GPS 接收机的自动化程度很高，用户只需按说明书所示，进行简单操作即可完成测量工作。

GPS 记录主要采取两种方式，一种是由工作人员将 GPS 所测信息记录到测量手簿中；另一种是直接记录在接收机的内存中。

3. GPS 的数据处理

对于外业大量的测量数据，我们需要对其进行检核，对于一些误测、漏测的点位需要进行重新测量。数据检核完成后，我们要对海量数据进行相应处理。由于 GPS 测量采取每 15s 采集一次数据的方式，使得 GPS 所测数据量巨大，数据处理的过程也相当复杂。在现实工作中，我们通常利用计算机软件进行数据处理，这样可以大大提高工作效率。

思考题与习题

一、选择题

1. 闭合导线的角度闭合差计算公式是：（　　　）。

A. $f_\beta = \sum \beta_测 - \sum \beta_理$　　　　　　B. $f_\beta = \sum \beta_测$

C. $f_\beta = \sum\beta_{理} - \sum\beta_{测}$　　　　　　D. $f_\beta = \alpha_{始} - \alpha_{终} + n \times 180° - \sum\beta_{测}$

2. 闭合导线角度闭合差的调整原则是：（　　　）。

A. 反符号平均分配　　　　　　B. 同号平均分配

C. 与角度大小成反比分配　　　D. 与角度大小成正比反符号分配

3. 下列哪些数据是观测数据（　　　）。

A. 起始点坐标　　　　　　　　B. 终点坐标

C. 导线各转折角　　　　　　　D. 起始边坐标方位角

4. 观测闭合导线的转折角时，必须测（　　　）。

A. 左角　　　　　　　　　　　B. 内角

C. 右角　　　　　　　　　　　D. 左角和右角

5. 下列哪些数据是通过计算得出的（　　　）。

A. 转折角　　　　　　　　　　B. 测定起始边磁方位角

C. 距离　　　　　　　　　　　D. 坐标值

二、判断题

1. 调整后的闭合导线角度闭合差应为零。（　　　）

2. 调整后的附合导线角度闭合差应为零。（　　　）

3. 闭合导线适合带状测区布设。（　　　）

4. 三角高程测量的精度比水准测量的精度高。（　　　）

三、计算题（表 5-10）

表 5-10

点名	观测角（左角）(°′″)	坐标方位角 (°′″)	边长（m）	坐标（m）	
				x	y
A				626.05	873.16
1	75 31 18	114 31 24	127.65		
2	117 11 36		209.78		
3	102 30 46		106.84		
4	84 10 55		205.18		
A	160 34 38		123.69		

第六章

地形图的基本知识及地形图的应用

第一节　地形图的基本知识

一、地形图概述

1. 地形

地面上有明显轮廓的，天然形成或人工建造的各种固定物体，如道路、房屋、河流、湖泊等称为地物。地球表面的高低起伏形态，如高山、丘陵、盆地等称为地貌，地貌没有明确的分界线。地物和地貌总称为地形。

2. 地形图

将地面上各种地物和地貌沿垂直方向投影到水平面上，并按一定的比例尺，用《地形图图式》统一规定的符号和注记，将其缩绘在图纸上，这种表示地物的平面位置和地貌起伏情况的图，称为地形图。在图上主要表示地物平面位置的地形图，称为平面图。

根据地形图的表示方法不同，地图可分为传统地图和电子地图。传统地图按照传统的手工方法绘制于纸上，比例一定，不易更改，使用不方便，也不易于保存。电子地图是利用现代计算机技术将地图表示的要素按照一定方法在计算机屏幕上表示出来。这种地图比例可以随意变化，使用方便且容易保存。

3. 大比例尺地形图

由于地形图能客观形象的反映地面实际情况，所以城乡规划和各项工程建设都需要用到地形图，1∶500、1∶1000、1∶2000及1∶5000比例尺的地形图称为大比例尺地形图，是工程建设勘测、规划、设计、施工及建后管理的重要基础资料。

二、地形图的比例尺

1. 比例尺

地形图上任一线段的长度与它所代表的实地水平距离之比，称为地形图比例尺。对于地图或地形图，比例尺决定着地形图的图形大小、测量精度和内容的详细程度。

2. 比例尺种类

比例尺分为数字比例尺、图示比例尺和文字比例尺。

（1）数字比例尺 数字比例尺是用分子为1，分母为整数的分数表示。设图上一线段长度为 d，相应实地的水平距离为 D，则该地形图的比例尺为：

$$\frac{d}{D} = \frac{1}{m} M \qquad (6-1)$$

式中 M 为比例尺分母，通常也可以写成 $1:M$。M 越大，比值越小，比例尺就越小。

数字比例尺根据大小分为小比例尺、中比例尺和大比例尺。其中小比例尺包括 1：100 万、1：50 万、1：20 万；中比例尺包括 1：10 万、1：5 万、1：2.5 万；大比例尺包括 1：1 万、1：5000、1：2000、1：1000、1：500。在城市和工程设计、规划、施工中，需要用到不同的比例尺，见表 6-1。

地形图比例尺的选择 表 6-1

比例尺	用途
1：10 000	城市总图规划、厂址选择、区域布置、方案比较
1：5000	
1：2000	城市详细规划、工程项目初步设计
1：1000	建筑设计、城市详细规划、工程施工设计、竣工图
1：500	

（2）图示比例尺 为了便于应用，减少由于图纸伸缩而引起的使用中的误差，通常在地形图上绘制图示比例尺。图示比例尺常常绘制在地形图的下方，表示方法如图 6-1 所示，图中两

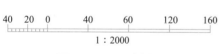

图 6-1 图示比例尺

条平行直线间距为 2mm，以 2cm 为单位分成若干大格，左边一个大格又分成 10 等分，大小格分界处注以 0，右边其他大格分界处标注实际长度。

使用时，先用分规在图上量取某线段的长度，然后用分规的右针尖对准右边的某个整分划，使分规的左针尖落在最左边的基本单位内。

（3）文字比例尺 有些地形图、施工图，在图上直接写出 1cm 代表实地水平距离的长度，如图上 1cm 相当于地面距离 10m 即表示该图的比例尺为 1：1000，这种比例尺的表示方法就是文字式比例尺。

综上所述，数字式比例尺能清晰表现地图缩小的倍数，图式比例尺可以直接在地图上量算，受图纸变形的影响小，文字式比例尺能清楚表示比例尺的含义。

3. 比例尺精度

在测量上，将地形图上 0.1mm 的长度所代表的实地水平距离，称为比例尺精度，一般用 ε 表示。显然，比例尺精度 $=0.1mm\times$ 比例尺分母 M，即 $\varepsilon=0.1M$。

根据比例尺的精度，可确定测绘地形图时测量距离的精度；另外，如果规定了地物图上要表示的最短长度，根据比例尺的精度，可确定测图的比例尺。

工程常用的几种大比例尺地形图的比例尺精度见表 6-2。

比例尺精度　　　　　　　　　　　　　表 6-2

比例尺	1：500	1：1000	1：2000	1：5000
比例尺精度	0.05	0.10	0.20	0.50

三、地形图图名、图号、图廓及接合图表

1. 大比例尺地形图的分幅与编号

（1）分幅方法

大比例尺地形图常采用正方形分幅法，它是按照统一的直角坐标纵、横坐标格网划分的。如图 6-2 所示，是以 1：5000 地形图为基础进行的正方形分幅。

（2）编号方法

1）坐标编号。图号一般采用该图幅西南角坐标的公里数为编号，x 坐标在前，y 坐标在后，中间有短线连接。如图 6-3 所示，1：5000 比例尺地形图，其西面角坐标为 $x=6.0km$，$y=2.0km$，因此，编号为"6-2"；格网 I 1：2000 比例尺的地形图，其西面角坐为 $x=7.0km$，$y=2.0km$，因此，编号为"7.0-2.0"；格网 II 1：1000 比例尺的地形图，其西面角坐标为 $x=6.5km$，$y=3.0km$，因此，编号为"6.5-3.0"；格网 III 1：500 比例尺的地形图，其西面角坐标为 $x=6.25km$，$y=3.5km$，因此，编号为"6.25-3.50"。

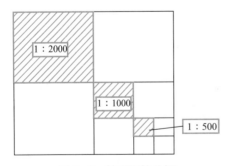

图 6-2　地形图的分幅

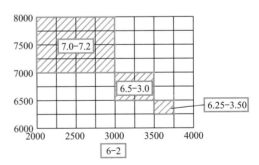

图 6-3　地形图的坐标编号

2）数字顺序编号。如果测区范围比较小，图幅数量少，可采用数字顺序编号法，如图 6-4 所示。

3）基础分幅编号。在某较大区域，由于面积较大，而且测绘有几种不同比例尺的地形图，编号时可以是以 1∶5000 比例尺图为基础，并作为包括在本图幅中的较大比例尺图幅的基本图号。基础图幅编号为西南角坐标，其后加罗马数字Ⅰ、Ⅱ、Ⅲ，如图 6-5 所示。

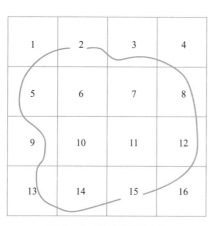

图 6-4　数字顺序编号

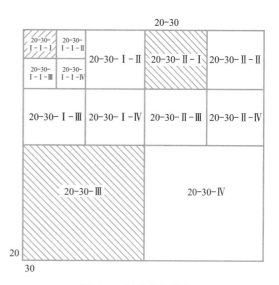

图 6-5　基础分幅编号

2. 地形图的图名、图号、图廓及接合图表

（1）地形图的图名

每幅地形图都应标注图名，通常以图幅内最著名的地名、厂矿企业或村庄的名称作为图名。图名一般标注在地形图北图廓外上方中央，如图 6-6 所示。

（2）图号

为了区别各幅地形图所在的位置，每幅地形图上都编有图号。图号就是该图幅相应分幅方法的编号，标注在北图廓上方的中央、图名的下方。

（3）图廓和接合图表

1）图廓。图廓是地形图的边界线，有内、外图廓线之分。内图廓就是坐标格网线，也是图幅的边界线，用 0.1mm 细线绘出。

外图廓线为图幅的最外围边线，用 0.5mm 粗线绘出。

内、外图廓线相距 12mm，在内外图廓线之间注记坐标格网线坐标值。

2）接合图表。为了说明本幅图与相邻图幅之间的关系，便于索取相邻图幅，在图幅左上角列出相邻图幅图名，斜线部分表示本图位置。

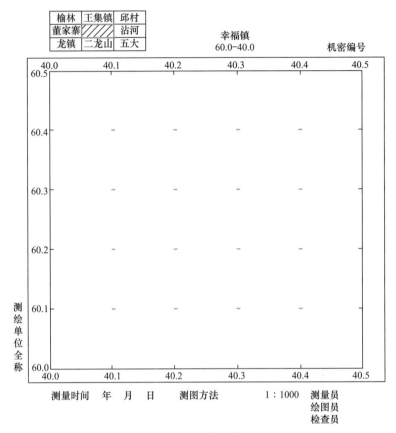

图6-6　地形图

第二节　地形图图式

　　为便于测图和用图，用各种符号将实地的地物和地貌在图纸上表示出来，这种符号统称为地形图图式。《地形图图式》由国家测绘总局统一制定，是测绘和使用地形图的重要工具。图6-7所示为1∶500、1∶1000、1∶2000比例尺的一部分地形图图式示例。

一、地物符号

　　地物符号是指地形图中用来表示各种地物的形状、大小和它们位置的特定符号。根据所表示的地物不同，地物符号分为比例符号、半依比例符号、非比例符号和地物注记符号四大类。

编号	符号名称	1:500 1:1000	1:2000	编号	符号名称	1:500 1:1000	1:2000
1	一般房屋 混—房屋结构 3—房屋层数	混3	1.6	16	内部道路		1.0 1.0
2	简单房屋			17	阶梯路		1.0
3	建筑中的房屋	建					
4	破坏房屋	破		18	打谷场、球场	球	
5	棚房	45° 1.6					
6	架空房屋	混凝土4 混凝土4 混凝土4	1.0	19	时地	1.0 2.0 10.0 10.0	
7	廊房	混3 1.0	1.0				
8	台阶	0.6 1.0 1.0		20	花甫	1.6 1.6 10.0 10.0	
9	无看台的露天体育场	体育场		21	有林地	a 1.6 松6	
10	游泳场	泳					
11	过街天桥			22	人工草地	2.0 3.0 10.0 10.0	
12	高速公路 a—收费站 0—技术等级代码	a 0 0.4					
13	等级公路 2—技术等级代码 (G325)—国道路线编码	2(G325) 0.2 0.4		23	稻田	0.2 3.0 1.0 10.0 10.0	
14	乡村路 a—依比例尺的 b—不依比例尺的	a 4.0 1.0 0.2 b 8.0 2.0 0.3		24	常年湖	青湖	
15	小路	1.0 4.0 0.3		25	池塘	塘 塘	

图 6-7 地物和地貌符号 a

125

编号	符号名称	1:500 1:1000	1:2000	编号	符号名称	1:500 1:1000	1:2000
26	常年河 a—水涯线 b—高水界 c—流向 d—潮流向 ◄⁓涨潮 ➤落潮	a b 0.15 3.0 c 1.0 0.5 d 7.0		36	独立树 a—阔叶 b—针叶 c—果树 d—棕榈、椰子、 槟榔	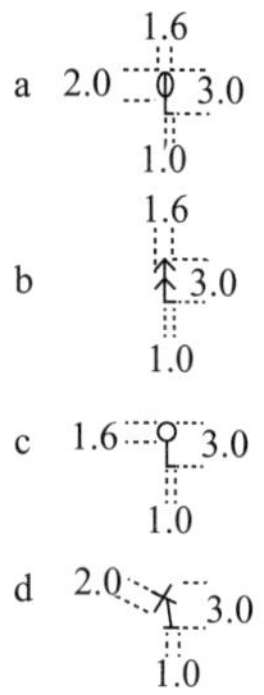 a 2.0 1.6 3.0 1.0 b 1.6 3.0 1.0 c 1.6 3.0 1.0 d 2.0 3.0 1.0	
27	喷水池	 1.0 ⊙ 3.6		37	独立树 棕榈、椰子、槟榔	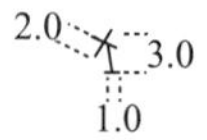 2.0 3.0 1.0	
28	GDS控制点	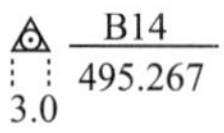 △ B14 / 495.267 3.0		38	上水检修井	 ⊖ 2.0	
29	三角点 凤凰山—点名 394.468—高程	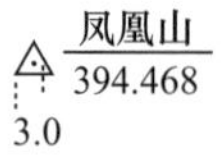 △ 凤凰山 / 394.468 3.0		39	下水(污水)、雨水检修井	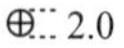 ⊕ 2.0	
30	导线点 116—等级、点号 84.46—高程	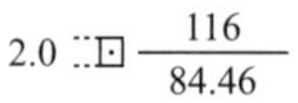 2.0 ⊡ 116 / 84.46		40	下水暗井	 ⊘ 2.0	
31	埋石图根点 16—点号 84.46—高程	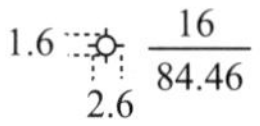 1.6 ⊙ 16 / 84.46 2.6		41	煤气、天然气检修井	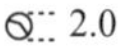 ⊖ 2.0	
32	不埋石图根点 25—点号 62.74—高程	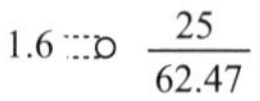 1.6 ▫ 25 / 62.47		42	热力检修井	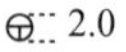 ⊖ 2.0	
33	水准点 Ⅱ京石5—等级、点名、点号 32.804—高程	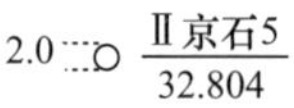 2.0 ⊡ Ⅱ京石5 / 32.804		43	电信检修井 a—电信人孔 b—电信手孔	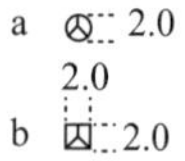 a ⊠ 2.0 b ⊡ 2.0	
34	加油站	1.6 ⌽ 3.6 1.0		44	电力检修井	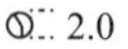 ⊘ 2.0	
35	路灯	2.0 1.6 ⌽ 4.0 1.0		45	地面下的管道	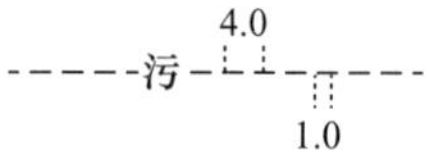 4.0 ----污---- 1.0	
				46	围墙 a—依比例尺的 b—不依比例尺的	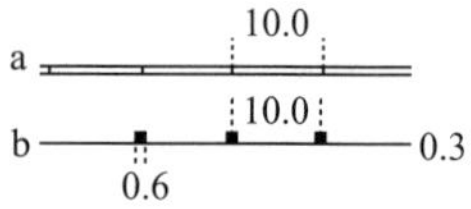 a 10.0 b 10.0 0.3 0.6	
				47	挡土墙	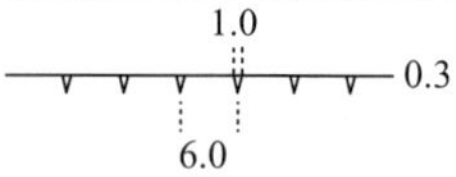 1.0 0.3 6.0	

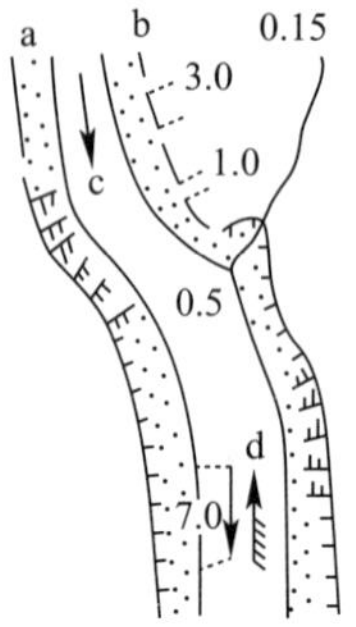

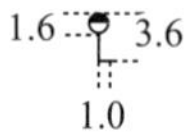

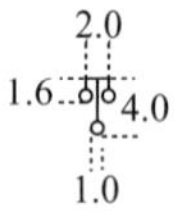

图 6-7　地物和地貌符号 b

编号	符号名称	1:500 1:1000	1:2000	编号	符号名称	1:500 1:1000	1:2000
48	栅栏、栏杆	10.0 1.0		57	一般高程点及注记 a—一般高程点 b—独立性地物的高程	a · 0.5 163.2	b ▲75.4
49	篱笆	10.0 1.0		58	名称说明注记	友谊路 中等线体4.0(18k) 团结路 中等线体3.5(15k) 胜利路 中等线体2.75(12k)	
50	活树篱笆	6.0 1.0 0.6		59	等高线 a—首曲线 b—计曲线 c—间曲线	a ——0.15 b ——0.3 1.0 6.0 c ——0.15	
51	铁丝网	10.0 1.0					
52	通信线(地面上的)	4.0					
53	电线架			60	等高线注记	——25——	
54	配电线(地面上的)	4.0		61	示坡线	0.8 	
55	陡坎 a—加固的 b—未加固的	a 2.0 b					
56	散树、行树 a—散树 b—行树	a ⚬1.6 b ⚬ 10.0 1.0 ⚬		62	梯田坎	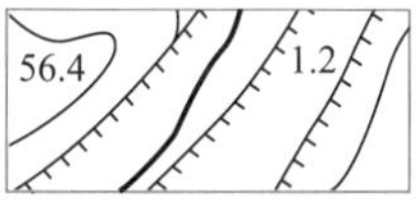 56.4 1.2	

图6-7 地物和地貌符号c

1. 比例符号

地物的形状和大小均按测图比例尺缩小，并用规定的符号绘在图纸上，这种地物符号称为比例符号。

2. 半依比例符号

地物的长度可按比例尺缩绘，而宽度按规定尺寸绘出，这种符号称为半依比例符号。用半依比例符号表示的地物都是一些带状地物。

3. 非比例符号

有些地物，轮廓较小，无法将其形状和大小按比例缩绘到图上，而采用相应的规定符号表示，这种符号称为非比例符号。非比例符号只能表示物体的位置和类别，不能用来确定物体的尺寸。

4. 地物注记

对地物加以说明的文字、数字或特有符号，称为地物注记。比如城镇、河流的名称，江河的流向、高程的大小等都以注记符号加以说明。

一个地物属于哪一种地物与测图比例尺有关，同一个地物在不同的比例尺下属性可能有所变化，只有当比例尺确定以后才能确定是哪一种地物。

二、地貌符号

地貌是指地表面高低起伏状态，它包括山地、丘陵和平原等。在图上通常采用等高线表示地貌。

地面起伏小，大部分的地面倾斜角不超过3°，不超过20m 的称为平原；地面上有连绵不断的起伏，大部分的地面倾斜角在3°～10°之间，不超过150m 的称为丘陵地；地面显著起伏，大部分地面倾斜角在10°～25°之间，在150m 以上的称为山地；由高差很大的纵横山脉组成，大部分地面倾斜角在25°以上的称为高山地。

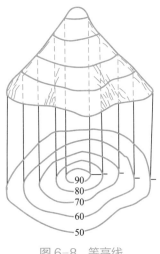

图6-8 等高线

1. 等高线的概念

地面上高程相同的相邻各点连成的闭合曲线，称为等高线。如雨后地面上静止的积水，积水面与地面的交线就是一条等高线。

将这些等高线沿铅垂方向投影到水平面 H 上，并用规定的比例尺缩绘在图纸上，这就将小山用等高线表示在地形图上了，如图6-8所示。

2. 等高距和等高线平距

相邻等高线之间的高差称为等高距，也称为等高线间隔，用 h 表示，等高距也称为基本等高距。地形图的基本等高距见表6-3。

地形图的基本等高距（单位：m）　　　　　　　　　　　　表6-3

地貌	比例尺			
	1：500	1：1000	1：2000	1：5000
平原	0.5	0.5	1	2
丘陵	0.5	1	2	5
山地	1	1	2	5
高山地	1	2	2	5

相邻等高线之间的水平距离称等高线平距，用 d 表示。

$$i = \frac{h}{dM} \qquad\qquad （6-2）$$

地面坡度 i 与等高线平距 d 成反比。地面坡度较缓，其等高线平距较大，等高线显得稀疏；地面坡度较陡，其等高线平距较小，等高线十分密集。

3. 典型地貌等高线

（1）山头和洼地　山头和洼地（又称盆地）的等高线都是一组闭合曲线，如图 6-9 所示。山头内圈等高线高程大于外圈等高线的高程，洼地则相反。示坡线是垂直于等高线并指示坡度降落方向的短线。示坡线往外标注是山头，往内标注的则是洼地。

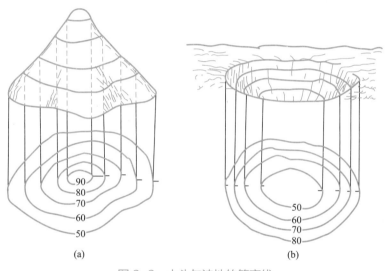

图 6-9　山头与洼地的等高线
（a）山头等高线；（b）洼地等高线

（2）山脊与山谷　沿着一个方向延伸的高地称为山脊，山脊上最高点的连线称为山脊线或分水线。山脊的等高线是一组凸向低处的曲线。

在两山脊间沿着一个方向延伸的洼地称为山谷，山谷中最低点的连线称为山谷线。山谷的等高线是一组凸向高处的曲线。

山脊线和山谷线统称为地性线，与等高线正交，如图 6-10 所示。

（3）鞍部　相邻两山头之间呈马鞍形的低凹部分称为鞍部，鞍部是两个山脊和两个山谷会合的地方。鞍部的等高线由两组相对的山脊和山谷的等高线组成，即在一圈大的闭合曲线内，套有两组小的闭合曲线，如图 6-11 所示。

（4）陡崖和悬崖　坡度在 70° 以上或为 90° 的陡峭崖壁称为陡崖。陡崖处的等高线非常密集，甚至会重叠，因此，在陡崖处不再绘制等高线，改用陡崖符号表示。

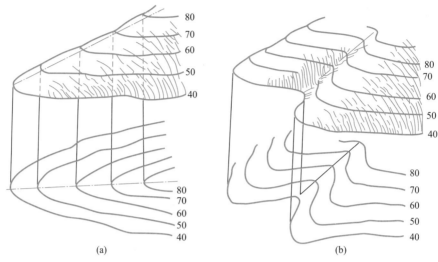

(a)   (b)

图 6-10　山脊与山谷的等高线

（a）山脊等高线；（b）山谷等高线

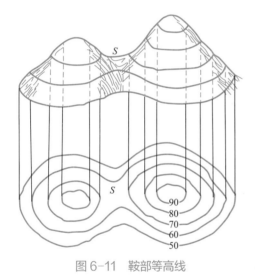

图 6-11　鞍部等高线

上部向外突出，中间凹进的陡崖称为悬崖。上部的等高线投影到水平面时与下部的等高线相交，下部凹进的等高线用虚线表示。

陡崖与悬崖的图片如图 6-12 所示。

图 6-13 为某一地区综合地貌。

4. 等高线的分类

为了更详尽地表示地貌的特征，地形图上常用下面四种类型的等高线，如图 6-14 所示。

（1）首曲线　在同一幅地形图上，按规定的基本等高距描绘的等高线称为首曲线，也称基本等高线。首曲线用 0.15mm 的细实线描绘。

（2）计曲线　凡是高程能被 5 倍基本等高距整除的等高线称为计曲线，也称加粗等高线。计曲线要加粗描绘并注记高程。计曲线用 0.3mm 粗实线绘出。

（3）间曲线　为了显示首曲线不能表示出的局部地貌，按二分之一基本等高距描绘的等高线称为间曲线，也称半距等高线。间曲线用 0.15mm 的细长虚线表示。

（4）助曲线　用间曲线还不能表示出的局部地貌，可按四分之一基本等高距绘制的等高线称为助曲线。助曲线用 0.15mm 的细短虚线表示。

5. 等高线的特性

（1）等高性　同一条等高线上各个点的高程相同。

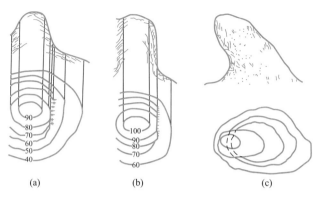

图 6-12　陡崖与悬崖等高线

（a）石质陡崖；（b）土质陡崖；（c）悬崖

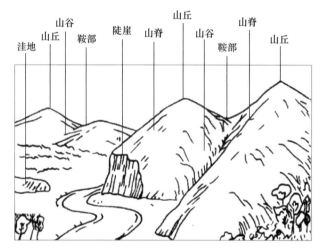

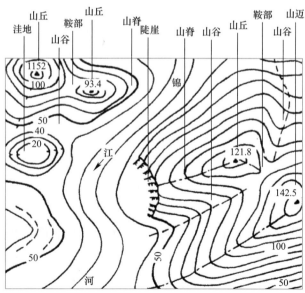

图 6-13　综合地貌

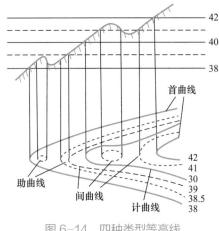

图 6-14　四种类型等高线

（2）闭合性　等高线必定是闭合曲线。如不在本幅图内闭合，则必在相邻的图幅内闭合。所以，在描绘等高线时，凡在本幅图内不闭合的等高线，应绘到内图廓，不能再图幅内中断。

（3）非交性　除在悬崖、陡崖处外，不同高程的等高线不能相交。

（4）正交性　山脊、山谷的等高线与山脊线、山谷线正交。

（5）疏密性　等高线越稠密则坡度越大，越稀疏则坡度越小。

第三节　地形图的识读

地形图是规划、设计、施工过程中不可缺少的基础资料。地形图的识读是作为设计，施工人员的基本技能。读图就是依据人们所掌握的地形图的基本知识去判别和阅读地形图上所包含的内容。根据地形图的内容，地形图的识读包括图廓外注记的识读和地物、地貌的识读两部分。

一、图廓外的注记识读

根据图外的注记，了解图名、编号、图的比例尺、所采用的坐标和高程系统、图的施测时间等内容，以确定图幅所在位置，图幅所包括的长、宽和面积等，根据施测时间可以确定该图幅是否能全面反映现实状况，是否需要修测与补测等。

二、地物和地貌的识读

地物和地貌是地形图阅读的重要内容。读图时应先了解和记住部分常用的地形图图式，熟悉各种符号的确切含义，掌握地物符号的四种分类；要能根据等高线的特性及表示方法判读各种地貌，将其形象化、立体化；详细内容参见本章第二节内容。读图时应纵观全局，仔细阅读地形图上的地物，如控制点、居民点、交通路线、通信设备、农业状况和文化设施等，了解这些地物的分布、方向、面积及性质；同时了解图中有关平原、丘陵、洼地、山脊、山谷、鞍部等地貌的状况。并根据地物和地貌关系将其内容有机结合，从而读懂整幅图。

第四节　地形图应用的基本内容

一、根据直角坐标方格网确定任一点的平面直角坐标

如图 6-15（a）所示，大比例尺地形图上画有 10cm×10cm 的坐标方格网，并在图廓的西、南边上注有方格的纵、横坐标值，欲确定图上 A 点的坐标，首先根据图廓坐标注记和点 A 的图上位置，绘出坐标方格 abcd，过 A 点作坐标方格网的平行线 pq、fg 与坐标方格相交于 p、q、f、g 四点，再按地形图比例尺（1∶1000）量取 ap 和 af 的长度。

$$ap = 80.2m$$
$$af = 50.3m$$

则
$$x_A = x_a + ap = 20\,100 + 80.2 = 20\,180.2m$$
$$y_A = y_a + af = 10\,200 + 50.3 - 10\,250.3m$$

为了校核量测的结果，并考虑图纸伸缩的影响，还需量出 pb 和 fd 的长度，以便进行换算。设图上坐标方格边长的理论长度为 l（本例 l=100m），可采用下式进行换算

$$x_A = x_a + \frac{1}{ab} \cdot ap$$
$$y_A = y_a + \frac{1}{ad} \cdot af$$

二、确定图上某点的高程

地形图上任一点的高程，可以根据等高线及高程标记来确定。如图 6-15（b）所示，若某点 A 正好在等高线上，则其高程与所在的等高线高程相同，即 $H_A = 102.0m$。如果所求点不在等高线上，如图 6-15 中的 B 点，而位于 106m 和 108m 两条等高线之间，则可过 B 点作一条大致垂直于相邻等高线的线段 mn，量取 mn 的长度，再量取 mB 的长度，若分别为 9.0mm 和 2.8mm，已知等高距 h=2m，则 B 点的高程 H。可按比例内插求得

$$H_B = H_m + \frac{mB}{mn} \cdot h = 106 + \frac{2.8}{9.0} \times 2 = 106.6m$$

在图上求某点的高程时，通常可以根据相邻两等高线的高程目估确定。例如，图 6-15（b）中 mB 约为 mn 的 3/10，故 B 点高程可估计为 106.6m。因为，规范中规定，在平坦地区，等高线的高程中误差不应超过 1/3 等高距；丘陵地区不应超过 1/2 等

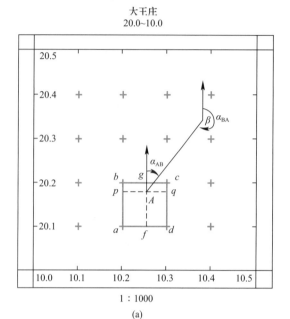

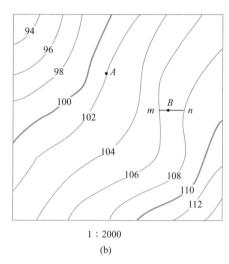

图 6-15　地形图基本应用示意图

高距；山区，不应超过一个等高距。也就是说，如果等高距为 1m，则平坦地区等高线本身的高程误差允许到 0.3m，丘陵地区为 0.5m，山区可达 1m。显然，所求高程精度低于等高线本身的精度，而目估误差与此相比，是微不足道的。所以，用目估确定点的高程是可行的。

三、确定图上两点间的距离

确定图上某直线的水平距离有两种方法。

1. 直接量测

用卡规在图上直接卡出线段长度，再与图示比例尺比量，即可得其水平距离。也可以用毫米尺量取图上长度并按比例尺换算为水平距离，但后者会受图纸伸缩的影响，误差相应较大。但图纸上绘有图示比例尺时，用此方法较为理想。

2. 根据直线两端点的坐标计算水平距离

为了消除图纸变形和量测误差的影响，尤其当距离较长时，可用两点的坐标计算距离，以提高精度。如图 6-15（a）所示，欲求直线 AB 的水平距离，首先求出两点的坐标值 x_A、y_A 和 x_B、y_B，然后按下式计算水平距离

$$D_{AB} = \sqrt{(x_B - x_A)^2 + (y_B - y_A)^2}$$

四、确定图上某直线的坐标方位角

1. 图解法

当精度要求不高时，可用图解法用量角器在图上直接量取坐标方位角。先过 A、B 两点分别精确地作坐标方格网纵线的平行线，然后用量角器的中心分别对中 A、B 两点量测直线 AB 的坐标方位角 α'_{AB} 和 BA 的坐标方位角 α'_{BA}。

同一直线的正、反坐标方位角之差为 $180°$，所以可按下式计算

$$\alpha_{AB} = \frac{1}{2}(\alpha'_{AB} + \alpha'_{BA} \pm 180°)$$

上述方法中，通过量测其正、反坐标方位角取平均值是为了减小量测误差，提高量测精度。

2. 解析法

先求出 A、B 两点的坐标，然后再按下式计算直线 AB 的坐标方位角

$$\alpha_{AB} = \tan^{-1}\frac{y_B - y_A}{x_B - x_A} = \tan^{-1}\frac{\Delta y_{AB}}{\Delta x_{AB}}$$

当直线较长时，解析法可取得较好的结果。

当使用电子计算器或三角函数表计算 a 的角值时，需根据 Δx_{AB} 和 Δy_{AB} 的正负号，确定 AB 所在的象限。

五、确定某直线的坡度

设地面两点间的水平距离为 D，高差为 h，而高差与水平距离之比称为地面坡度，通常以 i 表示，则 i 可用下式计算

$$i = \frac{h}{D} = \frac{h}{d \cdot M}$$

式中 d 为两点在图上的长度，以米为单位；M 为地形图比例尺分母。

设其高差 h 为 1m，若量得 AB 图上的长度为 2cm，并设地形图比例尺为 $1:5000$，则 AB 线的地面坡度为

$$i = \frac{h}{d \cdot M} = \frac{1}{0.02 \times 5000} = \frac{1}{100} = 1\%$$

坡度 i 常以百分率或千分率表示。

应注意的是：如果两点间的距离较长，中间通过疏密不等的等高线，则上式所求地面坡度为两点间的平均坡度。

第五节　地形图在工程建设中的应用

一、按限制坡度选定最短路线

如图 6-16 所示，设要在 A 点和 B 点间选一条最短路线，其坡度不得超过 i，根据图上等高距 h，首先求出路线通过各相邻等高线的最短距离 $S=h/i$；然后以 A 为圆心，

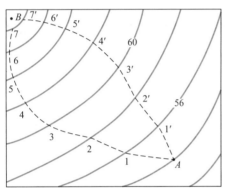

图 6-16　按限制坡度选定最短路线示意图

Sm（按地形图比例尺）为半径作圆弧交 56m 等高线于 1 及 1′ 两点，再以 1 及 1′ 点为圆心，以 Sm 为半径交 58m 等高线于 2 及 2′ 点，如此一直进行到 B 点。将这些相邻点依次连接起来，便可得出两条所选路线，最后通过实地调查选定一条最为理想的路线。

在作图过程中，如出现半径 S 小于相邻等高线平距时，即圆弧与等高线不相交，则说明该处的坡度小于限制坡度，路线可随意行进。

二、量算图形面积

在工程规划中，经常遇到面积量算的问题。有了地形图，可以在图中量算任何图形的面积，下面介绍常用的三种方法。

（一）图解法

1. 几何图形法

如图 6-17（a）所示，如果图形是由直线连接而成的闭合多边形，则可将多边形分割成若干个三角形或梯形，利用三角形或梯形计算面积的公式计算出各简单图形的面积，最后求得各简单图形的面积总和即为多边形的面积。

2. 透明方格网法

如图 6-17（b）所示，对于曲线包围的不规则图形，可利用绘有边长为 1mm 或 2mm 正方形格网的透明纸蒙在图纸上，统计出图形所围的方格整数格和不完整格数，一般将不完整格作半格计，从而算出图形在地形图上的面积，最后依据地形图比例尺计算出该图形的实地面积。

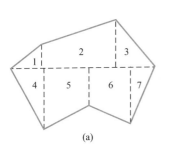
(a)

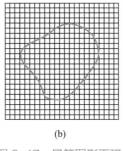
(b)

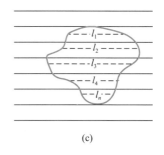
(c)

图 6-17 量算图形面积

3. 平行线法

如图 6-17（c）所示，利用绘有间隔 h 为 1mm 或 2mm 平行线的透明纸，覆盖在地形图上，则图形被分割成许多高为 h 的等高近似梯形，再量测各梯形的中线 1（图中虚线）的长度，则该图形面积为

$$S = h \times \Sigma l_i \qquad (6\text{-}3)$$

式中　h——近似梯形的高；

　　　l_i——各方格的中线长。

最后将图上面积 C 依比例尺换算成实地面积。

（二）解析法

如果图形是任意多边形，且各顶点的坐标已知，则可采用解析法计算此多边形的面积。如图 6-18 为任意四边形，各顶点编号为按顺时针 1、2、3、4。从图中可以看出四边形 1234 的面积等于梯形 1'122' 的面积加梯形 2'233' 的面积之和再减去梯形 1'144' 的面积与梯形 4'433' 的面积，即：

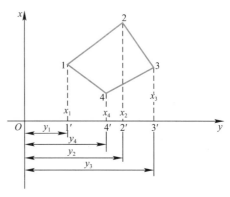

图 6-18 解析法

$$S = \frac{1}{2}[(x_1 + x_2)(y_2 - y_1) + (x_2 + x_3)(y_3 - y_2) - (x_1 + x_4)(y_4 - y_1) - (x_4 + x_3)(y_3 - y_4)]$$

解括号，归并同类项，得：

$$S = \frac{1}{2}[x_1(y_2 - y_4) + x_2(y_3 - y_1) + x_3(y_4 - y_2) + x_4(y_1 - y_3)]$$

则 n 边形的面积公式为：

$$S = \frac{1}{2}\sum_{i=1}^{n} x_i(y_{i+1} - y_{i-1}) \qquad (6\text{-}4)$$

上式是将 n 边形各顶点投影于 y 轴算得的．若将各顶点投影于 x 轴，同法可得：

$$S = \frac{1}{2}\sum_{i=1}^{n} y_i(x_{i-1} - x_{i+1}) \tag{6-5}$$

注意式中：当 $i=1$ 时，y_{i-1} 与 x_{i-1} 分别用 y_n 与 x_n 代替：当 $i=n$ 时，y_{n+1} 与 x_{n+1} 分别用 y_1 与 x_1 代替。

利用式（6-4）和式（6-5）计算同一图形的面积，可以互为计算检核。若采用以上两式计算多边形面积时，顶点 1、2、3 直至 n 点是按逆时针方向编号，其结果与顺时针编号的结果绝对值相等，符号相反。

（三）求积仪法

求积仪是一种专供量算图形面积使用的仪器。其优点是量算速度快，操作简单，适用于不同几何图形的面积量算，而且能保证一定的精度要求。

求积仪有机械求积仪和电子求积仪两种，常见有 KPX90N 等，具体使用方法可参考其说明书。

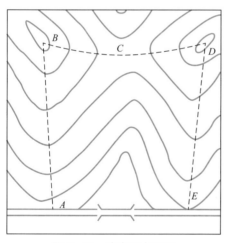

图 6-19　确定汇水面积

三、确定汇水面积

山脊线又称为分水线，即落在山脊上的雨水必然要向山脊两旁流下。根据这种原理，只要将某地区的一些相邻山脊线连接起来就构成汇水面积的界线，它所包围的面积就称为汇水面积。如图 6-19 所示，由山脊线 AB、BC、CD、DE、EA 所围成的面积就是汇水面积。

四、根据等高线绘制某方向的断面图

如图 6-20 所示，若想绘制 PQ 方向线的断面图，首先在图纸上绘一坐标系，横轴表示水平距离，纵轴表示高程。

水平距离的比例尺应与地形图的比例尺相同，而为了能更好地显示地面的起伏状况，一般高程比例尺为平距比例尺的 10～20 倍。

在横坐标轴上适当位置标出起始点 p，并将直线 PQ 与等高线之交点 a、b、c、d……按其与起点 P 的距离转绘在横坐标轴上。再根据各点的高程在纵坐标线上标出各相应点位，最后用平滑曲线连接这些点，便得到地面直线 PQ 的断面图。

五、场地平整的土方估算

在土建工程建设中，通常要对拟建地区的地形作必要的改造，除要进行合理的平面布置外，往往还要对建筑场地进行平整。场地平整时，为了使土（石）方工程合理，即填方和挖方基本平衡。所以，经常要利用地形图来确定填、挖边界线和进行填、挖土（石）方量的计算。

如图 6-21 所示，是一块待平整的场地，地形图比例尺为 1∶500，等高距为 0.5m，要将这块场地按填挖平衡原则整理成一块平地，其填、挖土（石）方量的估算方法如下：

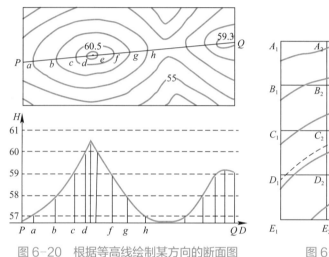

图 6-20 根据等高线绘制某方向的断面图

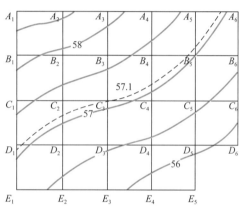

图 6-21 水平场地平整示意图

1. 绘制方格网

在地形图上的拟建场地内绘制方格网，方格大小根据地形复杂程度、地形图比例尺，以及施工方法而定，方格的方向尽量与边界方向、主要建筑物方向或施工坐标方向一致。方格的实地边长一般为 20m，如图 6-21 为图上 4cm×4cm 方格，相当实地 20m×20m 的方格。各方格点的点号注于方格点的左上角，如 A_1、A_2、B_1、B_2……。

2. 求各方格网点地面高

根据等高线高程，用内插法求出各方格点的地面高程，并注于方格点的右上角。

3. 地面平均设计高程的计算

在填、挖方量平衡的原则下，要把场地平整成水平面，那么该设计高程应等于该场地地面的平均高程 H。其计算方法采用加权平均值法，计算时，一般把方格面积的 1/4 作为一个单位面积，定为权=1，那么，位于方格网边界的外转角点，即角点（如 A_1、A_6、D_6、E_1、E_5）的权为 1；位于边界上的方格点，即边点（如 A_2、A_3、B_1、C_1 等）的权为 2；位于方格网边界的内转角点，即拐点（如 D_5）的权为 3；位于方格网内部的中心点，即中点（如 B_2、B_3、C_2、D_2 等）的权为4。

则按加权平均值法可得设计高程应为：

$$H_{设} = \frac{\sum H_{角} \times \frac{1}{4} + \sum H_{边} \times \frac{2}{4} + \sum H_{拐} \times \frac{3}{4} + \sum H_{中} \times \frac{4}{4}}{n}$$

公式中 $\sum H_{角}$、$\sum H_{边}$、$\sum H_{拐}$、$\sum H_{中}$ 分别表示角点、边点、拐点、中点的地面高程之和，n 为方格总数。

按上式可计算出设计高程 $H_{设}$。再在地形图上用内插法绘出 $H_{设}$ 的等高线（如图中虚线所示），它就是不填不挖的位置，叫挖填边界线，又称为零线。

4. 计算方格点填、挖数值

各方格点地面高程与设计高程之差，即为该点填、挖数值，并注于相应方格点的左上角，为 .+，表示挖深，为 .—，表示填高。

5. 计算填、挖土石方量

计算时先求出场地每一方格的挖填土石方量，然后把所有方格的挖填方量相加即得总挖、总填方量。与计算设计高程相似，可按下列式子分别计算：

角点：填（挖）深度 $h \times 1/4$ 方格面积；

边点：填（挖）深度 $h \times 2/4$ 方格面积；

拐点：填（挖）深度 $h \times 3/4$ 方格面积；

中点：填（挖）深度 $h \times 4/4$ 方格面积。

最后，计算填方量与挖方量总和，检查两者应大致相等。

💡 思考题与习题

一、选择题

1. 等高线分为：（   ）。

A. 首曲线   B. 计曲线

C. 间曲线及助曲线   D. ABC 全对

2. 地形图上相邻等高线的高差称为：（   ）。

A. 等高距   B. 等高线平距

C. 设计高程   D. 原地面高程

3. 地形图上相邻等高线的水平距离称为：（   ）。

A. 等高距   B. 等高线平距

C. 设计高程　　　　　　D. 视线距离

4. 地形图的比例尺，分母愈小，则（　　　）。

A. 比例尺愈小，表示地物愈详细，精度愈高

B. 比例尺愈大，表示地物愈简略，精度愈低

C. 比例尺愈小，表示地物愈简略，精度愈高

D. 比例尺愈大，表示地物愈详细，精度愈高

5. 地面上高程相等的相邻各点连接的闭合曲线称为（　　　）。

A. 等高线　　　　　　　B. 高差

C. 水准面　　　　　　　D. 等高距

二、判断题

1. 图示比例尺是为消除图纸伸缩变形而绘制的。（　　　）

2. 地形图上，地物、地貌统称为地形。（　　　）

3. 在同一幅地形图上，等高线平距越小，表示地面坡度越缓。（　　　）

三、简答题

如图 6-22 所示，识读地形图并完成以下作业：

（1）用图解法求出 A、B、C 三点的平面坐标；

（2）根据等高线按比例内插法求出 A、B、C 三点的高程；

（3）求定 A、B 两点的水平距离；

（4）求定 A、C 两点的坐标方位角；

（5）求定 A 点至 C 点的平均坡度；

（6）从 A 点至 B 点选定一条坡度小于 6°的最短路线；

（7）绘制 BC 方向线的断面图。

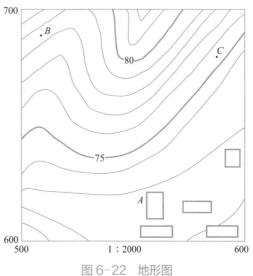

图 6-22　地形图

大比例尺地形图的测绘

地形图测绘是在控制测量工作结束后，以控制点为测站。测定其控制范围的地物和地貌的特征点的平面坐标和高程。按一定的比例尺缩绘在图纸上，并依据《地形图图式》规定的符号，表示出地物、地貌的位置、形状和大小。地物、地貌的特征点统称碎部点，所以，地形图的测绘又称碎部测量。

大比例尺地形图是为了直接满足各种工程设计而测绘的。其特点是测区范围较小，精度要求较高。测图比例尺越大，要求测绘的内容越详尽，精度越高，测量的工作量越大。

地形图的基本要求应该是清晰易读，各项地形元素可根据需要作适当综合取舍。测图过程中严格遵循和正确应用有关的测量规范。

第一节　测图前的准备工作

为了顺利完成地形测图工作，测图前应收集整理测区内可利用的已有控制点成果，明确测区范围，实地踏勘，拟定实测方案和确定技术要求，准备仪器工具、图纸和展绘控制点等工作。

一、图纸准备

各测绘部门大多采用聚酯薄膜图纸，它具有伸缩性小、透明度好、不怕潮湿等优点，可直接着墨晒图和制版。若选用白纸测图，为保证测图的质量，应选用优质白纸，并绘制坐标格网。

二、绘制坐标格网

大比例尺地形图使用的图纸图幅尺寸一般为 50cm × 50cm 或 40cm × 50cm，为了准确地将图根控制点展绘在图纸上，首先要在图幅内精确绘制 10cm × 10cm 的直角坐标格网。

绘制坐标方格网的常用方法是直尺对角线法，用直尺轻轻绘出图纸的两对角线，两对角线的交点设为 O，从 O 点起沿对角线截取等距线段得 A、B、C、D 点，将四个点连线构成一矩形。沿矩形边从左到右，自下而上，每隔 10cm 定一点，连接对边的相应点，即可绘出坐标格网线，如图 7-1 所示。

坐标格网绘制完成后，应进行对角线和边长精度的检查。对坐标格网线的要求如下：

（1）方格网边长与理论长度（10cm）之差不超过 0.2mm。

（2）图廓边长及对角线长度误差不超过 0.3mm。

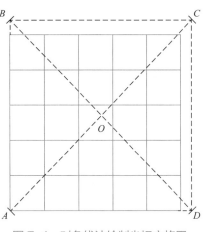

图 7-1 对角线法绘制坐标方格网

（3）对角线上各交点应在一条直线上，偏离不应大于 0.2mm。

三、展绘控制点

将测区内控制点按测图比例尺展绘到图纸上的工作，称为展点。展点前根据地形图的图幅和编号，将坐标格网线的坐标值标注在相应格网边线的外侧，如图 7-2 所示。展点时，首先确定所展控制点的坐标值所在方格，如图 7-2 所示，测图比例尺为 1:1000，A 点的坐标值是 $x=1162.78m$，$y=636.56m$，即 A 点确定位置在 MHTN 方格内，用 1:1000 的比例尺，分别从 M 和 N 点各沿 MH、NT 线向上量取 62.78m，得 b、c 两点，再由 M 和 H 点沿 MN、HT 线点向右量取 36.56m，得 e、f 两点，连接 bc 和 ef 其交点为控制点 A 的位置。同样方法展绘其他各点。展点完成后，用比例尺检查相邻控制点间的距离与相应的距离比较，其差值不超过图上 0.3mm 为合格。按照《地形图图式》标注点号和高程，如图 7-2 所示，在点的右侧画一横线，横线以上书写点号，横线以下书写高程。其余控制点也都可以按此法展绘出来。每展出一点后，在该点的右侧画一横线，横线上方写点名，横线下方标注高程。

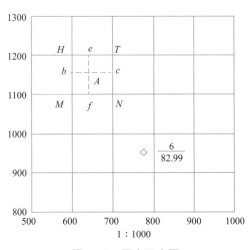

图 7-2 展点示意图

第二节　经纬仪测绘法

经纬仪测绘法的实质是按极坐标定点进行测图，观测时先将经纬仪安置在测站上，绘图板安置于测站旁，用经纬仪测定碎部点的方向与已知方向之间的夹角、测站点至碎部点的距离和碎部点的高程。然后根据测定数据用量角器和比例尺把碎部点的位置展绘在图纸上，并在点的右侧注明其高程，再对照实地描绘地形。此法操作简单、灵活，适用于各类地区的地形图测绘。

一、碎部点的选择

碎部点即是地物、地貌的特征点。对于地物，碎部点应选在地物轮廓线上的转折点、交叉点、弯曲点及独立地物的中心点等。如房角点、道路转折点、交叉点、河岸线转弯点等，连接这些特征点，便得到与实地相似的地物形状。由于地物形状的不规则，一般规定主要地物凸凹部分在图上大于 0.4mm 均要表示出来，小于 0.4mm，可以用直线连接。对于地貌，碎部点应选在最能反映地貌特征的山脊线、山谷线、山脚线的起点、终点、转弯点，地貌坡度变化点，如山顶最高点、山谷、垭口最低点及山坡倾斜变化点等。

为了能真实和详尽地用等高线表示地貌的形态，即使在坡度无显著变化的地方也应注意地形点的密度，同时也要保证碎部点的精度，因此碎部点至测站点的最大视距和碎部的密度要符合表 7-1 的规定。

碎部点的间距与测碎部点的最大视距　　　　　　　　　　　　表 7-1

测图比例尺	碎部点最大间距（m）	最大视距（m）	
		主要地物	次要地物
1：500	15	60	100
1：1000	30	100	150
1：2000	50	180	250
1：5000	100	300	350

二、地形图测绘的内容和要求

（一）地形图测绘的内容

1. 地物内容

地形图测绘的地物内容包括：

（1）居民地，如城市、集镇、村庄、窑洞、毡包以及其他附属建筑物等；

（2）道路，如铁路、公路、乡村路、桥梁和涵洞等；

（3）企业单位，如工厂、矿山、农场等；

（4）管线，如地面管线、高压电线、通信线路、围墙、栏栅、篱笆和境界等；

（5）水系，如江河、运河、沟渠、湖泊、池塘和堤坝等；

（6）土壤植被，如森林、灌木丛、果园、菜园、耕地、经济作物地、草地和沼泽等；

（7）独立地物，如三角点、水准点、独立树、电线杆、独立坟、牌坊和亭塔碑等。

2. 地貌内容

地形图测绘的地貌内容包括：

山顶点、山脚线、山谷线、山脊线和鞍部；

山坡、平原和洼地；

雨裂、冲沟、陡坡、悬崖、流沙和露岩等。

（二）地形图测绘的一般要求

1. 合理控制视距长度

视距长度除决定于测站点间的距离外，还与测图比例尺，碎部点性质和测图目的等有关 随着视距的增加，其精度会明显降低为保证图的精度，视距不宜太长但如视距太短，则会增加图根点的密度，影响测图速度。所以视距长度应合理控制，一般要求不超过表7-1的规定为宜，但当竖直角超过 ±10°或成像不清时，应适当缩短；而在平原地区且成像清晰时，可放宽20%。

2. 合理掌握碎部点的密度

为保证成图质量，提高工作效率，必须合理掌握碎部点的密度。选点太多，易影响图面的清晰度；选点太少，难以保证成图质量。具体需根据地形的复杂程度，测图比例尺和测图目的来决定，一般在图上平均一平方厘米内有一个立尺点就够了。详细要求参照表7-1的规定。

3. 适当进行综合取舍

地物和地貌的取舍要根据具体情况而定，对于不同比例尺和不同用途的地形图，取舍也不同测图比例尺越大，测绘的内容越详细，综合取舍的工作越少；相反，比例尺越小，综合取舍的工作就越多，越困难。

4. 要有计划地开展工作

测图一般先从图廓边开始，然后沿着一定的方向推进，这样可使测图工作更有次序地进行，避免将来补测的麻烦。小组成员对每天的工作要心中有数，测图前应先观察熟悉四周地形，统筹安排，密切配合，按计划开展工作。

三、经纬仪测绘法

经纬仪测绘法是用极坐标法测量碎部点平面位置和高程的方法，是以控制点为测站，用经纬仪测量碎部点方向与已知方向的水平角，用视距法测量控制点到碎部点的水平距离和高程；然后根据测定数据用量角器和比例尺把碎部点的位置展绘于图纸上，并在点的右侧注明其高程，再对照实地描绘地形。具体作业方法如下：

（1）测站上的准备工作

安置经纬仪于测站点 A 上，测定仪器指标差 x，量取仪器高度 i，用盘左照准另一控制点 B（后视点）作为起始方向，使水平盘读数为 $0° 00'00''$。绘图板安置在测站旁边，使图纸上控制边的方向与地面相应控制边方向大致一致，将测站点与后视点连线，用小针通过量角器的小孔将量角器的圆心固定在图板上，如图 7-3 所示。

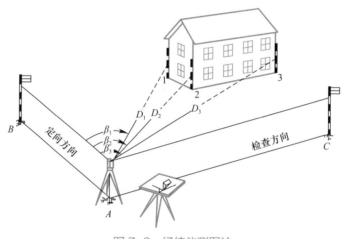

图 7-3　经纬仪测图法

（2）立尺

立尺员依次将水准尺立在地物、地貌特征点上。立尺前立尺员要与绘图员、观测员共同商定碎部点立尺范围，跑尺路线，力求不漏点，不重点。

（3）碎部点的观测

松开照准部，照准碎部点上的水准尺，读取水平度盘读数，视距间隔，中丝读数，竖盘读数。一个测站观测过程中和测碎部点完成后，均应照准起始方向，检查水平度盘读数是否为 $0° 00'00''$，其误差不超过 4'。

（4）记录与计算

将测到的各碎部点的水平度盘读，视距间隔，中丝读数，竖盘读数依次填入手簿中，见表 7-2。根据观测数据，按视距测量公式，用计算器计算测站点到碎部点的水平距离和高程，然后报给绘图者，以便展绘碎部点。

碎部测量记录表　　　　　　　　　　　表 7-2

点号	视距 Kl（m）	中丝读数 v（m）	竖盘读数（°′）	竖直角（°′）	水平角（°′）	水平距离 D（m）	高程 H（m）	备注
			测站：A　后视点：B　仪器高 i=1.42m　指标差 x=0　测站高程 H_A=27.40m					
1	100.0	1.42	72 45	+17 15	46 20	91.2	55.72	房角
2	51.4	1.55	91 45	−1 45	172 40	51.4	25.70	路灯
3	37.5	1.60	93 00	−3 00	327 36	37.4	25.26	电杆
4	25.7	2.42	87 26	+2 34	16 24	25.7	27.55	电杆

（5）展点

碎部点的平面位置是根据水平角和水平距离展绘在图纸上。用量角器展绘碎部点，如图 7-4 所示，转动量角器，使后视方向线 AB 的读数为碎部点 1 方向的水平角值，即 46°20′。直尺边即为碎部点方向，在直尺边按比例量出水平距离 91.2m，就可标出碎部点 1 的平面位置，并在点的右侧注明其高程。同法将其他碎部点的平面位置和高程展绘在图纸上。

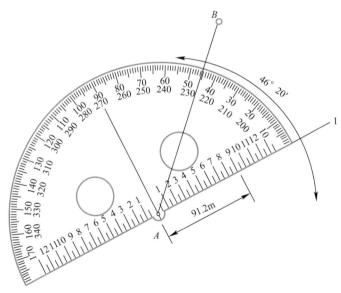

图 7-4　量角器展绘碎部点

四、经纬仪测绘法碎部测量注意事项

（1）仪器迁到下一测站，应先观测前站所测的某些明显碎部点，以检查由两个测站测得该点平面位置和高程是否相同，相差较大，则应查明原因，纠正，再继续进行测绘。

（2）每观测20～30个碎部点后，应重新瞄准起始方向检查其变化情况其归零差不得超过4′。

（3）立尺人员应将标尺竖直，并随时观察立尺点周围情况，弄清碎部点之间的关系，地形复杂时还需绘出草图，以协助绘图人员作好绘图工作。

（4）绘图人员要注意图面正确整洁，注记清晰，并做到随测点，随展绘，随检查。

（5）当每站工作结束后，应进行检查，在确认地物、地貌无测错或漏测时，方可迁站。

第三节 地形图的拼接、检查与整饰

地形图测绘完毕后，为保证地形图的质量，应对地形图进行全面的拼接、检查和整饰。

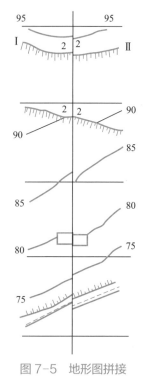

图7-5 地形图拼接

一、地形图的拼接

测区面积较大时，整个测区必须划分为若干幅图进行施测。在相邻图幅连接处，由于测量误差的影响，无论是地物轮廓线，还是等高线往往不能完全吻合，产生接边误差，如图7-5所示，相邻左、右两幅图在拼接处的地物、等高线都有偏差，当偏差在规定范围内时，可进行修正。

为保证图幅的拼接，地形测绘时一般都要求测出图廓线1～2cm，使相邻图幅有一定重复区域，以便接边。拼接时，用宽4～5cm的透明纸，先蒙在左图幅的接边上，用铅笔把接边的图廓线、坐标格网线以及图廓线以内1～2cm范围内的地物和等高线都描绘在透明纸上。然后再把透明纸蒙在右图幅接边上，使图廓线和格网线对齐，同样描出地物和等高线。若两边相应的地物和等高线误差不超规定要求，则取其平均值，并以此修改两图幅的地物、地貌的位置。

二、地形图的检查

为保证地形图的成图质量，测绘人员应随测随检查所测地物地貌是否正确合理。

（1）室内检查

室内检查内容包括：图根点的数量和精度是否符合要求，计算是否正确；检查图廓、方格网点、图根点展点精度是否符合精度要求；接边拼接又无问题；地物、地貌是否清晰易读，各种符号、注记是否正确。等高线勾绘是否正确，发现可疑之处，将疑点记录下来，作为外业检查的重点。

（2）外业巡视检查

外业巡视检查是在室内检查的基础上，有计划地确定巡视路线，进行实地对照查勘，重点检查地物、地貌有无遗漏和主要错误，地物描绘是否与实地一致，等高线勾绘是否逼真，各种符号和注记是否正确完整等。

（3）仪器设站检查

仪器设站检查是在内业检查和外业巡视检查的基础上进行的，对以上发现的问题，仪器设站进行补测和修改，另外用仪器抽查碎部点平面位置的精度和地貌高程的精度，看所测地形图是否满足精度要求，并作为评定地形图质量的依据。

三、地形图的整饰

为了使原图图面整洁，线条清晰，符合质量要求，原图经过拼接和检查后，应对原图进行整饰，地形图整饰的顺序是先图内后图外，先地物后地貌，先注记后符号。图上地物、注记符号、等高线按照图例符号修饰，使其清晰美观。最后绘制图廓，并按图式要求写出图名、图号、比例尺、坐标系统、高程系统、测图单位、施测时间等。

第四节 数字化测图简介

数字测图（digital mapping）是用全站仪或 GPSRTK 采集碎部点的坐标数据，应用数字测图软件绘制成图，其方法有草图法与电子平板法两种。国内有多种较成熟的数字测图软件，本章只介绍南方测绘的 CASS。

1. 简单介绍使用 CASS 进行数字测图的方法

CASS 地形地籍成图软件是基于 AutoCAD 平台技术的 GIS 前端数据处理系统。广泛应用于地形成图、地籍成图、工程测量应用、空间数据建库等领域，全面面向 GIS，彻底打通数字化成图系统与 GIS 接口，使用骨架线实时编辑、简码用户化、GIS 无缝接口等先进技术。自 CASS 软件推出以来，已经成长成为用户量最大、升级最快、服务最好的主流成图系统。

（1）CASS7.0 操作界面简介

双击安装文件在桌面上创造的 CASS7.0 图标，既可以启动 CASS7.0。如图 7-6 为 CASS7.0 操作界面。

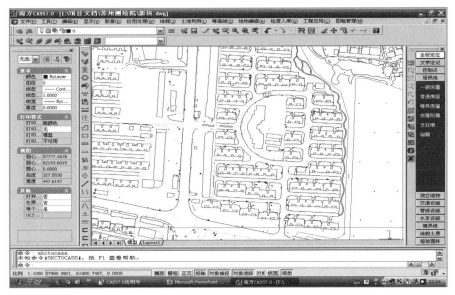

图 7-6　CASS7.0 的操作界面

它与 AutoCAD 的界面及操作方法基本相同，两者的区别在于下拉菜单及屏幕菜单的内容不同，各区的功能如下：

下拉菜单区：执行主要的测量功能；

屏幕菜单：绘制各种类别的地物，操作较频繁的地方；

图形区：主要工作区，显示图形及其操作；

工具栏：各种 AutoCAD 命令、测量功能，实质为快捷工具；

命令提示区：命令记录区，提示用户操作。

（2）草图法数字测图

外业使用全站仪测量碎部点三维坐标的同时，绘图员绘制碎部点构成的地物形状和类型并记录碎部点点号（应与全站仪自动记录的点号一致）。内业将全站仪内存中的碎部点三维坐标下传到 PC 机的数据文件中，将其转换成 CASS 坐标格式文件并展点，根据野外绘制的草图在 CASS 中绘制地物。

1）人员组织

观测员 1 人：负责操作全站仪，观测并记录观测数据，观测中应注意经常检查零方向及与领图员核对点号。绘图员 1 人：负责指挥跑尺员，现场勾绘草图。要求熟悉地形图图式，以保证草图的简洁、正确，应注意经常与观测员对点号（一般每测 50 个点应与观测员对一次点号）。跑尺员 1 人：负责现场跑尺，要求对跑点有经验，以保证内业制图的方便，对于经验不足者，可由领图员指挥跑尺，以防引起内业制图的麻烦。内业制图员：一般由领图员担任内业制图任务，操作 CASS 展绘坐标数据文件，对照草图连线成图。

2）野外采集数据下传到 PC 机文件

使用数据线连接全站仪与计算机的 COM 口，设置好全站仪的通信参数，在 CASS 中执行下拉菜单"数据 / 读取全站仪数据"命令，弹出"全站仪内存数据转换"对话框。

3）展碎部点

将 CASS 坐标数据文件中点的三维坐标展绘在绘图区，并在点位的右边注记点号，以方便用户结合野外绘制的草图描绘地物。其创建的点位和点号对象位于"ZDH"（意为展点号）图层，其中点位对象是 AutoCAD 的"Point"对象，用户可以执行 AutoCAD 的 Ddptype 命令修改点样式。

执行下拉菜单"绘图处理 \ 展野外测点点号"命令，在弹出的标准文件选择对话框中选择一个坐标数据文件，单击打开按钮，根据命令行提示操作即可完成展点。执行 AutoCAD 的 Zoom 命令，键入 E 按回车键即可在绘图区看见展绘好的碎部点点位和点号。

4）根据草图绘制地物

单击屏幕菜单的"坐标定位"按钮，用户可以根据野外绘制的草图和将要绘制的地物在该菜单中选择适当的命令执行。

（3）电子平板法数字测图

用数据线将安装了 CASS 的笔记本电脑与测站上安置的全站仪连接起来，全站仪测得的碎部点坐标自动传输到笔记本电脑并展会在 CASS 绘图区，完成一个地物的碎部点测量工作后，采用与草图法相同的方法现场进行实时绘制地物。

1）人员组织

观测员 1 人：负责操作全站仪，观测并将观测数据下传到笔记本电脑中。制图员 1 人：负责指挥跑尺员、现场操作笔记本电脑、内业处理整饰地形图。跑尺员 1～2 人：负责现场跑尺。

2）创建测区已知点坐标数据文件

可执行 CASS 下拉菜单"编辑 \ 编辑文本文件"命令调用 Windows 的记事本创建测区已知点坐标数据文件。坐标数据文件的格式如下：

总点数

点名，编码，y,x,H

……

点名，编码，y,x,H

下面为一个包括 8 个已知点的坐标数据文件，其中"112"和"113"点为导线点（编码 131500），其余为图根点（编码 131700）。

M1,	131 700,	53 414. 280,	31 421. 880,	39. 555
M4,	131 700,	53 387. 800,	31 425. 020,	36. 877
M9,	131 700,	53 359. 060,	31 426. 620,	31. 225
T31,	131 700,	53 348. 040,	31 425. 530,	27. 416
T12,	131 700,	53 344. 570,	31 440. 310,	27. 794
112,	131 500,	53 352. 890,	31 454. 840,	28. 500
P15,	131 700,	53 402. 880,	31 442. 450,	37. 951
113,	131 500,	53 393. 470,	31 393. 860,	32. 539

已知点编码也可以不输入，当不输入已知点编码时，其后的逗号不能省略。

（4）等高线的处理

等高线在 CASS 中通过创建数字地面模型 DTM 后自动生成。DTM 是指在一定区域范围内，规则格网点或三角形点的平面坐标（X，Y）和其他地形属性的数据集合。如果该地形属性是点的高程坐标 H，则数字地面模型又称为数字高程模型 DEM。DEM 从微分角度三维地描述测区地形的空间分布，用它可按用户设定的等高距生成等高线、绘制任意方向的断面图、坡度图、计算指定区域的土方量。

2. 数字地形图在工程方面的应用

（1）基本几何要素的查询（图 7-7）

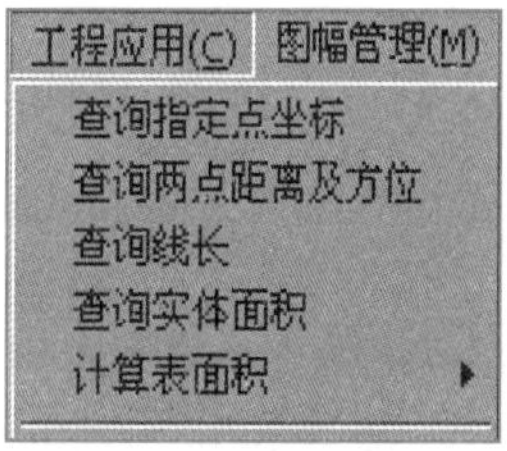

1）查询指定点坐标

用鼠标点取"工程应用"菜单中的"查询指定点坐标"。用鼠标点取所要查询的点即可。也可以先进入点号定位方式，再输入要查询的点号

说明：系统左下角状态栏显示的坐标是笛卡尔坐标系中的坐标，与测量坐标系的 X 和 Y 的顺序相反。用此功能查询时，系统在命令行给出的 X、Y 是测量坐标系的值。

图 7-7　查询菜单

2）查询两点距离及方位

用鼠标点取"工程应用"菜单下的"查询两点距离及方位"。用鼠标分别点取所要查询的两点即可。也可以先进入点号定位方式，再输入两点的点号。

说明：CASS7.0 所显示的坐标为实地坐标，所以所显示的两点间的距离为实地距离。

3）查询线长

用鼠标点取"工程应用"菜单下的"查询线长"。用鼠标点取图上曲线即可。

4）查询实体面积

用鼠标点取待查询的实体的边界线即可，要注意实体应该是闭合的。

5）计算表面积

对于不规则地貌，其表面积很难通过常规的方法来计算，在这里可以通过建模的方法来计算，系统通过 DTM 建模，在三维空间内将高程点连接为带坡度的三角形，再通过每个三角形面积累加得到整个范围内不规则地貌的面积。

（2）土方量的计算

DTM 法土方计算

由 DTM 模型来计算土方量是根据实地测定的地面点坐标（X，Y，Z）和设计高程，通过生成三角形网来计算每一个三棱锥的填挖方量，最后累计得到指定范围内填方和挖方的土方量，并绘出填挖方分界线。

DTM 法土方计算共有三种方法，一种是由坐标数据文件计算，一种是依照图上高程点进行计算，第三种是依照图上的三角形网进行计算。前两种算法包含重新建立三角形网的过程，第三种方法直接采用图上已有的三角形，不再重建三角形网。

根据坐标计算

用复合线画出所要计算土方的区域，一定要闭合，但是尽量不要拟合。因为拟合过的曲线在进行土方计算时会用折线迭代，影响计算结果的精度。

根据图 7-8 上高程点计算

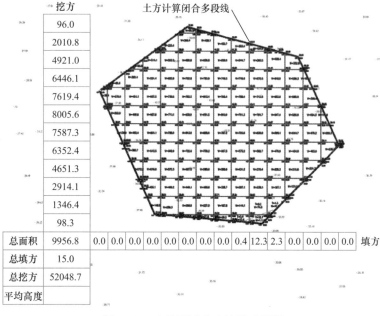

图 7-8　方格网法土方计算成果图

首先要展绘高程点，然后用复合线画出所要计算土方的区域，要求同 DTM 法。用鼠标点取"工程应用"菜单下"DTM 法土方计算"子菜单中的"根据图上高程点计算"。

根据图 7-8 上的三角形网计算

对已经生成的三角形网进行必要的添加和删除，使结果更接近实际地形。用鼠标点取"工程应用"菜单下"DTM 法土方计算"子菜单中的"依图上三角形网计算"。

💡 思考题与习题

1. 测图前的准备工作有哪些？

2. 如何展绘控制点？怎样检查展点是否正确？碎部点的选择有哪些基本要求？

3. 地形图测绘的一般要求有哪些？

4. 详细说明经纬仪测绘地形图的基本方法。地形图的检查分几步？怎样进行检查？为什么要进行地形图的清绘和整饰？

5. 简述数字化测图的基本方法。

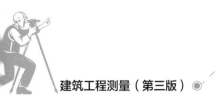

施工测量基本知识

第一节　施工测量概述

一、施工测量的目的和工作内容

施工测量的目的是把设计图纸上的建筑物、构筑物的平面位置和高程，按设计要求，用测量仪器以一定的方法和精度在地面上确定下来，并设置标志作为施工的依据，这一过程通常称为测设（放样）。在施工过程中需要进行一系列的测设工作，以衔接和指导各工序间的施工。

施工测量贯穿于整个施工过程中，其主要内容包括：施工前的施工控制网建立；建筑物定位和基础放线；工程施工中各道工序的细部测设，如基础模板的定位、构件和设备安装的定位等；工程竣工后，为了便于管理、维修和扩建，还必须绘制竣工平面图；有些高大或特殊的建（构）筑物，在施工期间和管理运营期间还要进行定期沉降、倾斜和水平位移测量等（这一工作常称为变形观测），从而积累资料，掌握变形的规律，为以后工程的设计、维护和使用提供资料。

一般地，施工测量的精度应比测绘地形图的精度高，因为测量误差将以 1:1 的比例影响建筑物的位置尺寸和形状。所以应根据建筑物、构筑物的重要性，结合材料及施工方法的不同，采用不同的施工测量精度。例如，工业建筑的测设精度高于民用建筑，钢结构建筑物测设的精度高于钢筋混凝土的建筑物，装配式建筑物的测设精度高于非装配式的建筑物，高层建筑物的测设精度高于低层建筑物等。由于施工测量贯穿于施工全过程，施工测量工作直接影响工程质量及施工进度，所以测量人员必须了解设计内容、性质及对测量工作的精度要求，熟悉有关图纸，了解施工的全过程，密切配合施工进度进行工作。另外，建筑施工现场多为地面与高空各工种交叉作业，并有大量的土方填挖，地面情况变动很大，再加上动力机械及车辆来往频繁，因此，测量标志的埋设应特别稳固，且不被损坏，并要妥善保护，经常检查，如有损坏应及时恢复。在高空或危险地段施测时，应采取安全措施，以防事故发生。

二、施工测量的特点

1. 测量精度要求较高

总的来说，为了保证建筑物和构筑物位置的准确，以及其内部几何关系的准确，满足使用、安全与美观等方面的要求，应以较高的精度进行施工测量。但不同种类的建筑物和构筑物，其测量精度要求有所不同；同类建筑物和构筑物在不同的工作阶段，其测量精度要求也有所不同。

对不同种类的建筑物和构筑物，从大类来说，工业建筑的测量精度要求高于民用建筑，高层建筑的测量精度要求高于低（多）层建筑，桥梁工程的精度要求高于道路工程；从小类来说，以工业建筑为例，钢结构的工业建筑测量精度要求高于钢筋混凝土结构的工业建筑，自动化和连续性的工业建筑测量精度要求高于一般的工业建筑，装配式工业建筑的测量精度要求高于非装配式工业建筑。

对同类建筑物和构筑物来说，测设整个建筑物和构筑物的主轴线，以便确定其相对其他地物的位置关系时，其测量精度要求可相对低一些；而测设建筑物和构筑物内部有关联的轴线，以及在进行构件安装放样时，精度要求则相对高一些；如要对建筑物和构筑物进行变形观测，为了发现位置和高程的微小变化量，测量精度要求更高。

为了满足较高的施工测量精度要求，应使用经过检校的测量仪器和工具进行测量作业，测量作业的工作程序应符合"先整体后局部、先控制后细部"的一般原则，内业计算和外业测量时均应细心操作，注意复核，防止出错，测量方法和精度应符合有关的测量规范和施工规范的要求。

2. 测量与施工进度关系密切

施工测量直接为工程的施工服务，一般每道工序施工前都要先进行放样测量，为了不影响施工的正常进行，应按照施工进度及时完成相应的测量工作。特别是现代工程项目，规模大、机械化程度高、施工进度快，对放样测量的密切配合提出了更高的要求。

在施工现场，各工序经常交叉作业，运输频繁，并有大量土方填挖和材料堆放，使测量作业的场地条件受到影响，视线被遮，测量桩点被破坏等。因此，各种测量标志必须埋设稳固，并设在不易破坏和碰动的位置，此外还应经常检查，如有损坏，及时恢复，以满足现场施工测量的需要。

为了满足施工进度对测量的要求，应提高测量人员的操作熟练程度，并要求测量小组各成员之间的配合良好。此外，应事先根据设计图、施工进度、现场情况和测量仪器设备条件，研究采用效率最高的测量方法，并准备好所有相应的测设数据。一旦具备作业条件，就应尽快进行测量，在最短的时间内完成测量工作。

第二节 测设的基本工作

测设是最主要的施工测量工作，它与测定一样，也是确定地面上点的位置，只不过是程序刚好相反，即把建筑物和构筑物的特征点由设计图纸上标定到实际地面上去。在测设过程中，我们也是通过测设设计点与施工控制点或现有建筑物之间的水平距离、水平角和高差，将该设计点在地面上的位置标定出来。因此，水平距离、水平角和高程是测设的基本要素，或者说测设的基本工作是水平距离测设、水平角测设和高程测设。

一、水平距离测设

8-1

1. 钢尺丈量法

（1）一般方法

当已知方向在现场已用直线标定，且测设的已知水平距离小于钢卷尺的长度时，测设的一般方法很简单，只需将钢尺的零端与已知始点对齐，沿已知方向水平拉紧拉直钢尺，在钢尺上读数等于已知水平距离的位置定点即可。为了校核和提高测设精度，可将钢尺移动 10~20cm，用钢尺始端的另一个读数对准已知始点，再测设一次，定出另一个端点，若两次点位的相对误差在限差（1/5000~1/3000）以内，则取两次端点的平均位置作为端点的最后位置。如图 8-1 所示，A 为已知始点，A 至 B 为已知方向，D 为已知水平距离，P' 为第一次测设所定的端点，P'' 为第二次测设所定的端点，则 P' 和 P'' 的中点 P 即为最后所定的点。AP 即为所要测设的水平距离 D。

图 8-1 距离测设的一般方法

若已知方向在现场已用直线标定，而已知水平距离大于钢卷尺的长度，则沿已知方向依次水平丈量若干个尺段，在尺段读数之和等于已知水平距离处定点即可。为了校核和提高测设精度，同样应进行两次测设，然后取中定点，方法同上。

当已知方向没有在现场标定出来，只是在较远处给出的另一定向点时，则要先定线再量距。对建筑工程来说，若始点与定向点的距离较短，一般可用拉一条细线绳的方法定线，若始点与定向点的距离较远，则要用经纬仪定线，方法是将经纬仪安置在 A 点上，对中整平，照准远处的定向点，固定照准部，望远镜视线即为已知方向，沿此方向一边定线一边量距，使终点至始点的水平距离等于要测设的水平距离，并且位于望远镜的视线上。

（2）精密方法

当水平距离的测设精度要求较高时，按照上面一般方法在地面测设出的水平距离，还应再加上尺长、温度和高差 3 项改正，但改正数的符号与精确量距时的符号相反。即

$$S = D - \Delta_l - \Delta_t - \Delta_h$$

式中　S——实地测设的距离；

　　　D——待测设的水平距离；

　　　Δ_l——尺长改正数，$\Delta_l = \dfrac{\Delta_l}{l_0} \cdot D$，$l_0$ 和 Δ_l 分别是所用钢尺的名义长度和尺长改正数；

　　　Δ_t——温度改正数，$\Delta_t = \alpha \cdot D \cdot (t - t_0)$，$\alpha = 1.25 \times 10^{-5}$ 为钢尺的线膨胀系数，t 为测设时的温度，t_0 为钢尺的标准温度，一般为 20℃；

　　　Δ_h——倾斜改正数，$\Delta_h = -\dfrac{h^2}{2D}$，$h$ 为线段两端点的高差。

2. 光电测距仪及全站仪测设已知水平距离

用光电测距仪测设已知水平距离与用钢尺测设方法大致相同。如图 8-2 所示，光电测距仪安置于 A 点，反光镜沿已知方向 AB 移动，使仪器显示的距离大致等于待测设

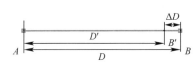

图 8-2　光电测距仪测设已知水平距离

距离 D，定出 B' 点，测出 B' 点反光镜的竖直角及斜距，计算出水平距离 D'。再计算出 D' 与需要测设的水平距离 D 之间的改正数 $\Delta D = D - D'$。根据 ΔD 的符号在实地沿已知方向用钢尺由 B' 点量 ΔD 定出 B 点，AB 即为测设的水平距离 D。

现代的全站仪瞄准位于 B 点附近的棱镜后，能够直接显示出全站仪与棱镜之间的水平距离 D'，因此，可以通过前后移动棱镜使其水平距离 D' 等于待测设的已知水平距离 D 时，即可定出 B 点。用望远镜视线指挥棱镜立在测设的方向上，按平距（HD）测量键，根据测量的距离与设计的放样距离之差，指挥棱镜前后移动，当距离差为 0 时，打桩定点，则 AB 即为测设的距离。

为了检核，将反光镜安置在 B 点，测量 AB 的水平距离，若不符合要求，则再次改正，直至在允许范围之内为止。

8-2

二、水平角测设

测设已知水平角就是根据一已知方向测设出另一方向，使它们的夹角等于给定的设计角值。按测设精度要求不同分为一般方法和精确方法。

1. 一般方法

当测设水平角精度要求不高时，可采用此法，即用盘左、盘右取平均值的方法。如图 8-3 所示，设 OA 为地面上已有方向，欲测设水平角 β，在 O 点安置经纬仪，以

盘左位置瞄准 A 点，配置水平度盘读数为 0。转动照准部使水平度盘读数恰好为 β 值，在视线方向定出 B_1 点。然后用盘右位置，重复上述步骤定出 B_2 点，取 B_1 和 B_2 中点 B，则 $\angle AOB$ 即为测设的 β 角。

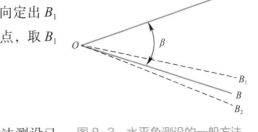

该方法也称为盘左盘右分中法。

2. 精密方法

当测设精度要求较高时，可采用精确方法测设已知水平角。如图 8-4 所示，安置经纬仪于 O 点，按照

图 8-3　水平角测设的一般方法

上述一般方法测设出已知水平角 $\angle AOB'$，定出 B' 点。然后较精确地测量 $\angle AOB'$ 的角值，一般采用多个测回取平均值的方法，设平均角值为 β'，测量出 OB' 的距离。按下式计算 B' 点处 OB' 线段的垂距 $B'B$。

$$B'B = \frac{\Delta\beta''}{\rho''} \cdot OB' = \frac{\beta - \beta'}{206265''} \cdot OB'$$

然后，从 B' 点沿 OB' 的垂直方向调整垂距 $B'B$，$\angle AOB$ 即为 β 角。如图 8-4 所示，若 $\Delta\beta > 0$ 时，则从 B' 点往内调整 $B'B$ 至 B 点；若 $\Delta\beta < 0$ 时，则从 B' 点往外调整 $B'B$ 至 B 点。

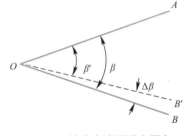

3. 简易方法测设直角

在小型、简易型以及临时建筑和构筑物的施工过程中，经常需要测设直角，如果测设水平角的精度要求不高，也可以不用经纬仪，而是用钢尺或皮尺，按简易方法进行测设。

图 8-4　精确方法测设水平角

（1）勾股定理法测设直角

勾股定理指直角三角形斜边（弦）的平方等于对边（股）与底边（勾）的平方和，即

$$c^2 = a^2 + b^2$$

据此原理，只要使现场上一个三角形的三条边长满足上式，该三角形即为直角三角形，从而得到我们想要测设的直角。

在实际工作中，最常用的做法是利用勾股定理的特例"勾 3 股 4 弦 5"测设直角如图 8-5 所示，设 AB 是现场上已有的一条边，要在 A 点测设与 AB 成 90° 的另一条边，做法是先用钢尺在 AB 线上量取 3m 定出 P 点，再以 A 点为圆心，4m 为半径在地面上画圆弧，也可用一把皮尺，将刻划为 0m 和 12m 处对准 A 点，在刻划为 4m 处和 9m 处同时拉紧皮尺，并让 4m 处对准直线 AB 上任意位置，在 9m 处定点 C，则 $\angle BAC$ 便是直角。

如果要求直角的两边较长，可将各边长保持 3∶4∶5 的比例，同时放大若干倍，再进行测设。

（2）中垂线法测设直角

如图 8-6 所示，AB 是现场上已有的一条边，要过 P 点测设与 AB 成 90°的另一条边，可用钢尺在直线 AB 上定出与 P 点距离相等的两个临时点 A′ 和 B′，再分别以 A′ 和 B′ 为圆心，以大于 PA′ 的长度为半径，画圆弧相交于 C 点，则 PC 为 A′B′ 的中垂线，即 PC 与 AB 成 90°。

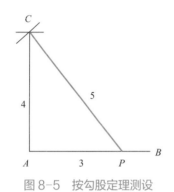

图 8-5　按勾股定理测设

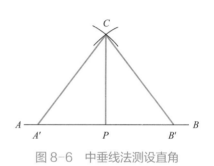

图 8-6　中垂线法测设直角

三、测设已知高程

8-3

1. 高程测设的一般方法

测设已知高程就是根据已知点的高程，通过引测，把设计高程标定在固定的位置上。如图 8-7 所示，已知高程点 A，其高程为 H_A，需要在 B 点标定出已知高程为 H_B 的位置。方法是：在 A 点和 B 点中间安置水准仪，精平后读取 A 点的标尺读数为 a，则仪器的视线高程为 $H_i = H_A + a$，由图 8-7 可知测设已知高程为 H_B 的 B 点标尺读数应为：

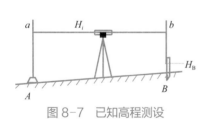

图 8-7　已知高程测设

$$b_{应} = H_i - H_B = H_A + a - H_B$$

将水准尺紧靠 B 点木桩的侧面上下移动，直到尺上读数为 b 时，沿尺底画一横线，此线即为设计高程 H_B 的位置。测设时应始终保持水准管气泡居中。

在建筑设计和施工中，为了计算方便，通常把建筑物的室内设计地坪高程用 ±0.000 标高表示，建筑物的基础、门窗等高程都是以 ±0.000 为依据进行测设。因此，首先要在施工现场利用测设已知高程的方法测设出室内地坪高程的位置。

2. 钢尺配合水准仪进行高程测设

当待测设点于已知水准点的高差较大时，则可以采用悬挂钢尺的方法进行测设。

如图 8-8 所示，钢尺悬挂在支架上，零端向下并挂一重物，A 为已知高程为 H_A 的水准点，P 为待测设高程为 H_P 的点位。在地面和待测设点位附近安置水准仪，分别在标尺和钢尺上读数 a_1、b_1 和 a_2。由于 $H_P=H_A+a_1-(b_1-a_2)-b_2$，则可以计算出 P 点处标尺的读数 $b_2=H_A+a_1-(b_1-a_2)-H_P$。同样，如图 8-9 所示情形也可以采用类似方法进行测设，即计算出前视读数 $b_2=H_A+a_1+(a_2-b_1)-H_P$，再划出已知高程位 H_P 的标志线。

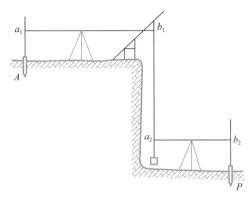

图 8-8　悬挂钢尺方法往基坑下测设高程　　图 8-9　悬挂钢尺法往楼面上测设高程

3. 简易高程测设法

在施工现场，当距离较短，精度要求不太高时，施工人员常利用连通管原理，用一条装了水的透明胶管，代替水准仪进行高程测设，方法如下：

如图 8-10 所示，设墙上有一个高程标志 A，其高程为 H_A，想在附近的另一面墙上，测设另一个高程标志 P，其设计高程为 H_P。将装了水的透明胶管的一端放在 A 点处，另一端放在 P 点处，两端同时抬高或者降低水管，使 A 端水管水面与高程标志对齐，在 P 处与水管水面对齐的高度作一临时标志 P'，则 P' 高程等于 H_A，然后根据设计高程与已知高程的差 $d_h=H_P-H_A$，以 P' 为起点垂直往上（d_h 大于 0 时）或往下（d_h 小于 0 时）量取 d_h，作标志 P，则此标志的高程为设计高程。

图 8-10　用连通水管进行高程测设

例如，若 $H_A=78.368m$，$H_P=78.000m$，$d_h=78.000-78.368m=-0.368m$，按上述方法标出与 H_A 同高的 P' 点后，再往下量 0.368m 定点即为设计高程标志。

使用这种方法时，应注意水管内不能有气泡，在观察管内水面与标志是否同高时，应使眼睛与水面高度一致，此外，不宜连续用此法往远处传递和测设高程。

四、测设坡度线

8-4

在平整场地、铺设管道及修筑道路等工程中，往往要按一定的设计坡度（倾斜度）进行施工，这时需要在现场测设坡度线，作为施工的依据。根据坡度大小不同和场地条件不同，坡度线测设的方法有水平视线法和倾斜视线法。

1. 水平视线法

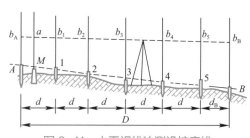

图 8-11 水平视线法测设坡度线

当坡度不大时，可采用水平视线法。如图 8-11 所示，A、B 为设计坡度线的两个端点，A 点设计高程为 $H_A = 56.487\text{m}$，坡度线长度（水平距离）为 $D = 110\text{m}$，设计坡度为 $i = -1.5\%$，要求在 AB 方向上每隔 $d = 20\text{m}$ 打一个木桩，并在木桩上定出一个高程标志，使各相邻标志的连线符合设计坡度。设附近有一水准点 M，其高程为 $H_M = 56.128\text{m}$，测设方法如下：

（1）在地面上沿 AB 方向，依次测设间距为 d 的中间点 1、2、3、4、5，在点上打好木桩。

（2）计算各桩点的设计高程。

先计算按坡度 i 每隔距离 d 相应的高差

$$h = i \cdot d = -1.5\% \times 20 = -0.3\text{m}$$

再计算各桩点的设计高程，其中

第 1 点 $\qquad H_1 = H_A + h = 56.487 - 0.3\text{m} = 56.187\text{m}$

第 2 点 $\qquad H_2 = H_1 + h = 56.187 - 0.3\text{m} = 55.887\text{m}$

$$\cdots\cdots$$

同法算出其他各点设计高程为 $H_3 = 55.587\text{m}$，$H_4 = 55.287\text{m}$，$H_5 = 54.987\text{m}$，最后根据 H_5 和剩余的距离计算 B 点设计高程

$$H_B = 54.987\text{m} + (-1.5\%) \times (110 - 100) = 54.837\text{m}$$

注意，B 点设计高程也可用下式算出：

$$H_B = H_A + i \cdot D$$

用来检核上述计算是否正确，例如，这里为 $H_B = 56.487 + (-1.5\%) \times (110 - 100) = 54.837\text{m}$，说明高程计算正确。

（3）在合适的位置（与各点通视，距离相近）安置水准仪，后视水准点上的水准尺，设读数 $a = 0.866\text{m}$，先代入式 $H_i = H_A + a$ 计算仪器视线高

$$H_i = H_M + a = 56.128 + 0.866 = 56.994\text{m}$$

再根据各点设计高程，依次代入式 $b = H_i - H_B$ 计算测设各点时的应读前视读数，例如 A 点为

$$b_A = H_视 - H_A = 56.994 - 56.487 = 0.507\text{m}$$

1 号点为

$$b_1 = H_视 - H_1 = 56.994 - 56.187 = 0.807\text{m}$$

同理得 $b_2 = 1.107\text{m}$，$b_3 = 1.407\text{m}$，$b_4 = 1.707\text{m}$，$b_5 = 2.007\text{m}$，$b_B = 2.157\text{m}$。

（4）水准尺依次贴靠在各木桩的侧面，上下移动尺子，直至尺读数为 b 时，沿尺底在木桩上画一横线，该线即在 AB 坡度线上。也可将水准尺立于桩顶上，读前视读数 b'，再根据应读读数和实际读数的差 $l = b - b'$，用小钢尺自桩顶往下量取高度 l 画线。

2. 倾斜视线法

当坡度较大时，坡度线两端高差太大，不便按水平视线法测设，这时可采用倾斜视线法。如图 8-12 所示，A、B 为设计坡度线的两个端点，A 点设计高程为 $H_A = 132.600\text{m}$，坡度线长度（水平距离）为 $D = 80\text{m}$，设计坡度为 $i = -10\%$，附近有一水准点 M，其高程为 $H_M = 131.958\text{m}$，测设方法如下。

（1）根据 A 点设计高程、坡度 i 及坡度线长度 D，计算 B 点设计高程，即

$$H_B = H_A + i \cdot D$$
$$= 132.600 - 10\% \times 80$$
$$= 124.600\text{m}$$

（2）按测设已知高程的一般方法，将 A、B 两点的设计高程测设在地面的木桩上。

（3）在 A 点（或 B 点）上安置水准仪，使基座上的一个脚螺旋在 AB 方向上，其余两个脚螺旋的连线与 AB 方向垂直，见图 8-13，粗略对中并调节与 AB 方向垂直的两个脚螺旋基本水平，量取仪器高 I（设 $I = 1.453\text{m}$）。通过转动 AB 方向上的脚螺旋和微倾螺旋，使望远镜十字丝横丝对准 B 点（或 A 点）水准尺上等于仪器高（1.453）处，此时仪器的视线与设计坡度线平行，同一点上视线比设计坡度线高 1.453m。

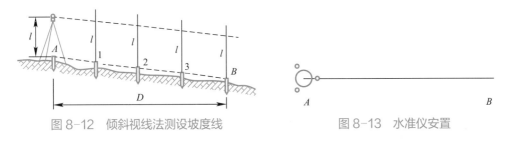

图 8-12 倾斜视线法测设坡度线　　　图 8-13 水准仪安置

（4）在 AB 方向的中间各点 1、2、3……的木桩侧面立水准尺，上下移动水准尺，

直至尺上读数等于仪器高（1.453m）时，沿尺底在木桩上画线，则各桩画线的连线就是设计坡度线。

由于经纬仪可方便地照准不同高度和不同方向的目标，因此也可在一个端点上安置经纬仪来测设各点的坡度线标志，这时经纬仪可按常规对中整平和量仪器高，直接照准立于另一个端点水准尺上等于仪器高的读数，固定照准部和望远镜，得到一条与设计坡度线平行的视线，据此视线在各中间桩点上绘坡度线标志线的方法同水准仪法。

第三节　测设平面点位的基本方法

点的平面位置的测设方法有直角坐标法、极坐标法、角度交会法和距离交会法。至于采用哪种方法，应根据控制网的形式、地形情况、现场条件及精度要求等因素确定。

一、直角坐标法

8-5

直角坐标法是根据直角坐标原理，利用纵横坐标之差，测设点的平面位置。直角坐标法适用于施工控制网为建筑方格网或建筑基线的形式，且量距方便的建筑施工场地。

1. 计算测设数据

如图 8-14 所示，Ⅰ、Ⅱ、Ⅲ、Ⅳ为建筑施工场地的建筑方格网点，a、b、c、d 为欲测设建筑物的四个角点，根据设计图上各点坐标值，可求出建筑物的长度、宽度及测设数据。

建筑物的长度 $= y_c - y_a = 580.00 - 530.00 = 50.00m$

建筑物的宽度 $= x_c - x_a = 650.00 - 620.00 = 30.00m$

测设 a 点的测设数据（Ⅰ点与 a 点的纵横坐标之差）：

$\Delta x = x_a - x_Ⅰ = 620.00 - 600.00 = 20.00m$

$\Delta y = y_a - y_Ⅰ = 530.00 - 500.00 = 30.00m$

2. 点位测设方法

（1）在Ⅰ点安置经纬仪，瞄准Ⅳ点，沿视线方向测设距离 30.00m，定出 m 点，继续向前测设 50.00m，定出 n 点。

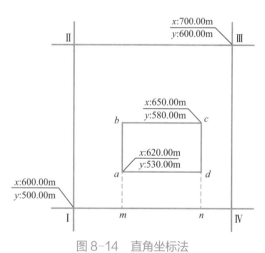

图 8-14　直角坐标法

（2）在 *m* 点安置经纬仪，瞄准Ⅳ点，按逆时针方向测设 90°角，由 *m* 点沿视线方向测设距离 20.00m，定出 *a* 点，作出标志，再向前测设 30.00m，定出 *b* 点，作出标志。

（3）在 *n* 点安置经纬仪，瞄准Ⅰ点，按顺时针方向测设 90°角，由 *n* 点沿视线方向测设距离 20.00m，定出 *d* 点，作出标志，再向前测设 30.00m，定出 *c* 点，作出标志。

（4）检查建筑物四角是否等于 90°，各边长是否等于设计长度，其误差均应在限差以内。

测设上述距离和角度时，可根据精度要求分别采用一般方法或精密方法。

二、极坐标法

（一）极坐标法的原理与方法

极坐标法是根据一个水平角和一段水平距离，测设点的平面位置。极坐标法适用于量距方便，且待测设点距控制点较近的建筑施工场地。

8-6

（1）计算测设数据

如图 8-15 所示，*A*、*B* 为已知平面控制点，其坐标值分别为 *A*（x_A，y_A）、*B*（x_B, y_B），*P* 点为建筑物的一个角点，其坐标为 *P*（x_P、y_P）。现根据 *A*、*B* 两点，用极坐标法测设 *P* 点，其测设数据计算方法如下：

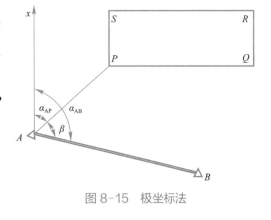

图 8-15 极坐标法

1）计算 *AB* 边的坐标方位角 α_{AB} 和 *AP* 边的坐标方位角 α_{AP} 按坐标反算公式计算。

$$\alpha_{AB}=\arctan\frac{\Delta y_{AB}}{\Delta x_{AB}}$$

$$\alpha_{AP}=\arctan\frac{\Delta y_{AP}}{\Delta x_{AP}}$$

注意：每条边在计算时，应根据 Δx 和 Δy 的正负情况，判断该边所属象限。

2）计算 *AP* 与 *AB* 之间的夹角。

$$\beta=\alpha_{AB}-\alpha_{AP}$$

3）计算 *A*、*P* 两点间的水平距离。

$$D_{AP}=\sqrt{(x_P-x_A)^2+(y_P-y_A)^2}=\sqrt{\Delta x_{AP}{}^2+\Delta y_{AP}{}^2}$$

【例 8-1】已知 $x_P=370.000$m，$y_P=458.000$m，$x_A=348.758$m，$y_A=433.570$m，$\alpha_{AB}=103°48'48''$，试计算测设数据 β 和 D_{AP}。

解：

$$\alpha_{AP} = \arctan\frac{\Delta y_{AP}}{\Delta x_{AP}} = \arctan\frac{458.000\text{m} - 433.570\text{m}}{370.000\text{m} - 348.758\text{m}} = 48°59'34''$$

$$\beta = \alpha_{AB} - \alpha_{AP} = 103°48'48'' - 48°59'34'' = 54°49'14''$$

$$D_{AP} = \sqrt{(370.000\text{m} - 348.758\text{m})^2 + (458.000\text{m} - 433.570\text{m})^2} = 32.374\text{m}$$

（2）点位测设方法

1）在 A 点安置经纬仪，瞄准 B 点，按逆时针方向测设 β 角，定出 AP 方向。

2）沿 AP 方向自 A 点测设水平距离 D_{AP}，定出 P 点，作出标志。

3）用同样的方法测设 Q、R、S 点。全部测设完毕后，检查建筑物四角是否等于90°，各边长是否等于设计长度，其误差均应在限差以内。

同样，在测设距离和角度时，可根据精度要求分别采用一般方法或精密方法。

（二）全站仪极坐标法测设点位

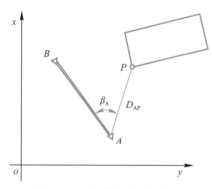

图 8-16　极坐标法测设点位

由于全站仪能方便地以较高的精度同时进行测角和量边，并能自动进行常见的测量计算，因此在施工测量中应用广泛，是提高施工测量质量和效率的重要手段。用全站仪测设点位一般采用极坐标法，不同品牌和型号的全站仪，用极坐标法测设点位的具体操作方法也有所不同，但其基本过程是一样的例如图8-16所示的任务，若改用全站仪测设，过程如下：

（1）在 A 点安置全站仪，对中整平，开机自检，输入当时的温度和气压，将测量模式切换到"放样"。

（2）输入 A 点坐标作为测站坐标，照准另一个控制点 B，输入 B 点坐标作为后视点坐标，或者直接输入后视方向的方位角，进行定向。

（3）将测量模式切换到"放样"输入待测设点的坐标，全站仪自动计算测站至该点的设计方位角和水平距离，转动照准部，屏幕上显示出当前视线方向与设计方向之间的水平夹角，当该夹角接近0°时锁住水平制动照准部，转动水平微动螺旋使夹角为 $0°00'00''$，此时视线方向即为设计方向。

（4）指挥棱镜立于视线方向上，按"测量"键，全站仪即测量出测站至棱镜的水平距离，并计算出该距离与设计距离的差值，在屏幕上显示出来。一般差值为正表示棱镜立得偏远了，应往测站方向移动，差值为负表示棱镜立得偏近了，应往远离测站方向移动。

（5）观测员通过对讲机将距离偏差值通知持镜员，持镜员按此数据往近处或远处移动棱镜（当偏差值不大时，应先用小钢尺在地面上量出应移动的距离），并立于全站仪望远镜视线方向上，然后观测员按"测量"键重新观测。如此反复趋近，直至距离偏差值为0时定点，该点即为要测设的点。

在同一测站上测设多个坐标点时，重复第（3）～（5）步操作即可。

三、角度交会法

角度交会法适用于待测设点距控制点较远，且量距较困难的建筑施工场地。

8-7

（1）计算测设数据

如图8-17（a）所示，A、B、C为已知平面控制点，P为待测设点，现根据A、B、C三点，用角度交会法测设P点，其测设数据计算方法如下：

1）按坐标反算公式，分别计算出α_{AB}、α_{AP}、α_{BP}、α_{CB}和α_{CP}。

2）计算水平角β_1、β_2和β_3。

（2）点位测设方法

1）在A、B两点同时安置经纬仪，同时测设水平角β_1和β_2定出两条视线，在两条视线相交处钉下一个大木桩，并在木桩上依AP、BP绘出方向线及其交点。

2）在控制点C上安置经纬仪，测设水平角β_3，同样在木桩上依CP绘出方向线。

如图8-17（b）所示，若示误三角形边长在限差以内，则取示误三角形重心作为待测设点P的最终位置。

测设β_1、β_2和β_3时，视具体情况，可采用一般方法和精密方法。

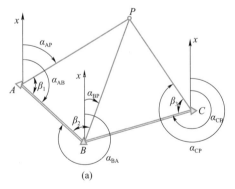

图8-17　角度交会法

四、距离交会法

距离交会法是由两个控制点测设两段已知水平距离，交会定出点的平

8-8

面位置。距离交会法适用于待测设点至控制点的距离不超过一尺段长，且地势平坦、量距方便的建筑施工场地。

1. 计算测设数据

如图 8-18 所示，A、B 为已知平面控制点，P 为待测设点，现根据 A、B 两点，用距离交会法测设 P 点，其测设数据计算方法如下：

根据 A、B、P 三点的坐标值，分别计算出 D_{AP} 和 D_{BP}。

2. 点位测设方法

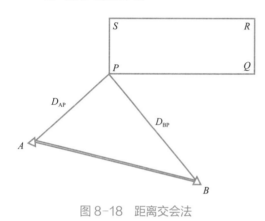

图 8-18　距离交会法

（1）将钢尺的零点对准 A 点，以 D_{AP} 为半径在地面上画一圆弧。

（2）再将钢尺的零点对准 B 点，以 D_{BP} 为半径在地面上再画一圆弧。两圆弧的交点即为 P 点的平面位置。

（3）用同样的方法，测设出 Q 的平面位置。

（4）丈量 P、Q 两点间的水平距离，与设计长度进行比较，其误差应在限差以内。

💡 思考题与习题

一、选择题

1. 已知高程控制点 A，其高程 H_A= 152.456m，现要在定位桩 N 上标出建筑物的 ±0.000m，并且已知 ±0.000m 的设计高程为 $H_{设计}$= 152.243m，仪器架在 AN 两点之间，在 A 点上水准尺的后视读数为 a=0.987m。则 N 桩尺的前视读数 b 为多少（　　　）。

A. 0.987m　　　　　B. 1.000m　　　　C. 1.200m　　　　D. 1.213m

2. 点位定位的方法有（　　　）。

A. 直角坐标法　　　B. 极坐标法　　　C. 角度交会法　　　D. 距离交会法

3. 测设的三项基本工作是（　　　）。

A. 测设已知角度测量　　　　　　　　B. 测设已知距离测量

C. 地形测量　　　　　　　　　　　　D. 测设已知高程测量

4. 测设已知水平角的方法有（　　　）。

A. 高差法　　　　　　　　　　B. 盘左盘右分中法

C. 仪器高法　　　　　　　　　D. 垂线改正法

二、计算题

1. 设有高程为 86.458m 的水准点 A 欲测设高程为 86.900m 的室内地坪 ±0 的标高。若尺子立于 A 点上时，按水准仪的视线在尺上画一条线，问在同一根尺上应在什么地方再画一条线，才能使视线对准此线时，尺子底部就是 ±0 高程的位置？

2. A，B 为控制点，其坐标 x_A=485.389m，y_A=620.832m，x_B=512.815m，y_B=882.320m，P 为待测设点，其设计坐标为 x_P= 704.458m，y_P= 720.256m，计算用极坐标法测设所需的测设数据，并说明测设步骤。

建筑施工测量

第一节　建筑场地的施工控制测量

为工程建设和工程放样而布设的测量控制网称为施工控制网。施工控制网不仅是施工放样的依据，也是工程竣工测量的依据，还是建筑物沉降观测以及将来建筑物改建、扩建的依据。

在勘测阶段所建立的测图控制网，由于当时设计位置尚未确定，所以无法考虑满足施工测量精度与密度的要求，而且在施工现场，由于大量的土方填挖，原来布置的测图控制点往往会被破坏掉。因此，在施工前应在建筑场地重新建立施工控制网，以供建筑物的施工放样和变形观测等使用。相对于测图控制网来说，施工控制网具有控制范围小、控制点密度大、精度要求高、受干扰性大，使用频繁等特点。

施工控制网一般布置成矩形的格网，称为建筑方格网。当建筑物面积不大、结构又不复杂时，只需布置一条或几条基线作平面控制，称为建筑基线。当建立方格网有困难时，常用导线或导线网作为施工测量的平面控制网。

施工控制网同样遵循"先整体，后局部，先控制，后碎部"的原则，由高精度到低精度进行布设。然后以此为基础，测设各个建筑物和构筑物的位置。施工测量的平面控制，对于一般民用建筑可采用导线网和建筑基线，对于工业建筑区则常采用建筑方格网，高程控制根据施工精度需要可采用四等水准或图根水准网。当布设的水准点不够用时，建筑基线点、建筑方格网点以及导线点也可兼做高程控制点。

一、建筑基线

在面积不大，地势较平坦的建筑场地，布设一条或几条基准线。建筑基线应平行或垂直于主要建筑物的轴线，以便使用比较简单的直角坐标法来进行建筑物的放样，建筑基线点应不少于三个，可布成一字形、L形、T形或十字形，如图9-1所示。建筑基线主点间应相互通视，边长为100～400m，点位应便于永久保存。

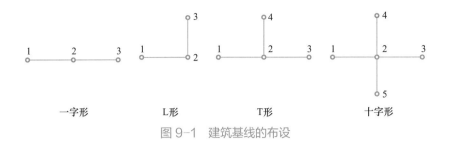

一字形　　　　L形　　　　　T形　　　　　　十字形

图 9-1　建筑基线的布设

1. 根据建筑红线测设建筑基线

由城市测绘部门测定的建筑用地界定基准线，称为建筑红线。在城市建设区，建筑红线可用作建筑基线测设的依据。如图 9-2 所示，AB、AC 为建筑红线，1、2、3 为建筑基线点，利用建筑红线测设建筑基线的方法如下：

首先，从 A 点沿 AB 方向量取 d_2 定出 P 点，沿 AC 方向量取 d_1 定出 Q 点。

然后，过 B 点作 AB 的垂线，沿垂线量取 d_1 定出 2 点，作出标志；过 C 点作 AC 的垂线，沿垂线量取 d_2 定出 3 点，作出标志；用细线拉出直线 P_3 和 Q_2，两条直线的交点即为 1 点，作出标志。

最后，在 1 点安置经纬仪，精确观测 $\angle 213$，其与 $90°$ 的差值应小于 $\pm 20''$。

2. 根据附近已有控制点测设建筑基线

在新建筑区，可以利用建筑基线的设计坐标和附近已有控制点的坐标，用极坐标法测设建筑基线。如图 9-3 所示，A、B 为附近已有控制点，1、2、3 为选定的建筑基线点。测设方法如下：

<table>
<tr>
<td>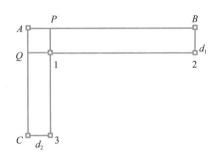</td>
<td>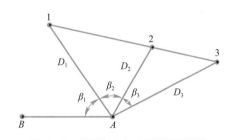</td>
</tr>
<tr>
<td>图 9-2　根据建筑红线测设建筑基线</td>
<td>图 9-3　根据控制点测设建筑基线</td>
</tr>
</table>

首先，根据已知控制点和建筑基线点的坐标，计算出测设数据 β_1、D_1、β_2、D_2、β_3、D_3。然后，用极坐标法测设 1、2、3 点。

由于存在测量误差，测设的基线点往往不在同一直线上，且点与点之间的距离与设计值也不完全相符，因此，需要精确测出已测设直线的折角 β' 和距离 D'，并与设计值相比较。如图 9-4 所示，如

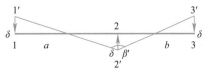

图 9-4　基线点的调整

果 $\Delta\beta = \beta' - 180°$ 超过 $\pm 15''$，则应对 $1'$、$2'$、$3'$ 点在与基线垂直的方向上进行等量调整，调整量按下式计算：

$$\delta = \frac{ab}{a+b}\frac{\Delta\beta}{2\rho''}$$

式中 δ—— 各点的调整值（m）；

a、b—— 分别为 12、23 的长度（m）。

如果测设距离超限，如 $\frac{\Delta D}{D} = \frac{D' - D}{D} > \frac{1}{1000}$，则以 2 点为准，按设计长度沿基线方向调整 $1'$、$3'$ 点。

二、建筑方格网

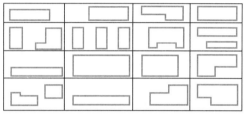

图 9-5　根据建筑红线测设建筑基线

在平坦地区建筑大中型工业厂房，通常都是沿着互相平行或互相垂直的方向布置控制网点，构成正方形或矩形格网，这种施工测量平面控制网称为建筑方格网，如图 9-5 所示。建筑方格网具有使用方便，计算简单，精度较高等优点，它不仅可以作为施工测量的依据，还可以作为竣工总平面图施测的依据。建筑方格网的布置和测设较为复杂，一般由专业测量人员进行。

9-1

三、测量坐标系与施工坐标系的换算

9-2

施工坐标系亦称建筑坐标系，为便于进行建筑物的放样，其坐标轴一般应与建筑物主轴线相同或平行。因为施工坐标系与测量坐标系往往不一致，所以施工测量前常常需要进行施工坐标系与测量坐标系的坐标换算。

如图 9-6 所示，设 XOY 为测量坐标系，$X'O'Y'$ 为施工坐标系，x_0、y_0 为施工坐标系的原点在 O' 测量坐标系中的坐标，α 为施工坐标系的纵轴 $O'X'$ 在测量坐标系中的方位角。设已知 P 点的施工坐标为 (x'_P, y'_P)，可按下式将其换算为测量坐标 (x_P, y_P)：

$$\begin{pmatrix} x_P \\ y_P \end{pmatrix} = \begin{pmatrix} x_0 \\ y_0 \end{pmatrix} + \begin{pmatrix} \cos\alpha & -\sin\alpha \\ \sin\alpha & \cos\alpha \end{pmatrix} \begin{pmatrix} x'_P \\ y'_P \end{pmatrix} \qquad (9-1)$$

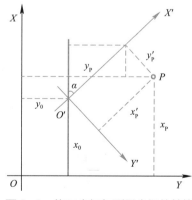

图 9-6　施工坐标与测量坐标的转换

若已知 P 点的测量坐标 (x_P, y_P)，则可将其换算为施工坐标 (x'_P, y'_P)：

$$\begin{pmatrix} x'_{\mathrm{P}} \\ y'_{\mathrm{P}} \end{pmatrix} = \begin{pmatrix} \cos\alpha & \sin\alpha \\ -\sin\alpha & \cos\alpha \end{pmatrix} \begin{pmatrix} x_{\mathrm{P}} - x_0 \\ y_{\mathrm{P}} - y_0 \end{pmatrix} \tag{9-2}$$

四、施工测量的高程控制

在建筑场地上还应建立施工高程控制网，作为测设建筑物高程的依据施工高程控制网点的密度，应尽可能满足安置一次仪器，就可测设出所需观测点位的高程。网点的位置可以实地选定并埋设稳固的标志，也可以利用施工平面控制桩点。为了检查水准点是否因受振动、碰撞和地面沉降等原因而发生高程变化，应在土质坚实和安全的地方布置三个以上的基本水准点，并埋设永久性标志。

施工高程控制网，常采用四等水准测量作为首级控制，在此基础上按相当于图根水准测量的精度进行加密，用闭合水准路线或附合水准路线测定各点的高程。大中型项目和有连续性生产车间的工业场地，应采用三等水准测量作为首级控制。对于小型施工项目的高程测量，可直接采用五等水准测量作为高程控制。

在大中型厂房的高程控制中，为了测设方便，减少误差，应在厂房附近或建筑物内部，测设若干个高程正好为室内地坪设计高程的水准点，这些点称为建筑物的 ±0.000 水准点或 ±0.000 标高，作为测设建筑物基础高程和楼层高程的依据。±0.000 标高一般是用红油漆在标志物上绘一个倒立三角形来表示，三角形的顶边代表 ±0.000 标高。

✕ 第二节　民用建筑施工测量

民用建筑是指住宅、医院、办公楼和学校等，民用建筑施工测量就是按照设计要求，配合施工进度，将民用建筑的平面位置和高程测设出来。民用建筑的类型、结构和层数各不相同，因而施工测量的方法和精度要求也有所不同，但施工测量的过程是基本一样的，主要包括建筑物定位，细部轴线放样，基础施工测量和墙体施工测量等，本节以一般民用建筑为例，介绍施工测量的基本方法。

一、测设前的准备工作

1. 熟悉图纸

设计图纸是施工测量的主要依据，测设前应充分熟悉各种有关的设计图纸，以便了解施工建筑物与相邻地物的相互关系，以及建筑物本身的内部尺寸关系，准确无误地获取测设工作中所需要的各种定位数据与测设工作有关的设计图纸主要有：

（1）熟悉建筑总平面图（图 9-7）：从建筑总平面图上可以了解拟建建筑物与周围

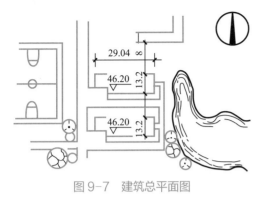

图 9-7　建筑总平面图

道路、周围控制点、周围已有建筑物之间的尺寸关系，是测定建筑物位置和高程的重要依据。

（2）熟悉底层以及各标准层平面图（图 9-8）：建筑物的底层和标准层均标明了楼层内部各轴线之间的尺寸关系，是测设建筑物细部轴线的依据。

（3）熟悉基础平面图（图 9-9）以及基础详图（图 9-10）：基础平面图和基础详图标明了基础的形式、基础的平面布置、基础中心或中线的位置、基础边线与定位轴线之间的尺寸关系，基础横断面的形状、大小以及基础不同部位的设计高程，是测设基槽开挖边线和开挖深度的依据。

（4）熟悉立面图和剖面图（图 9-11）：立面图和剖面图标明了室内地坪、门窗、楼梯平台、楼板和屋面等的高程，是测设建筑物各部位高程位置的依据。

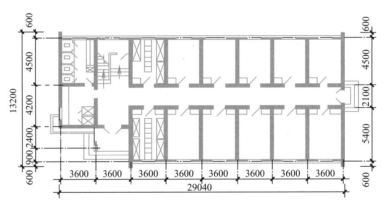

图 9-8　建筑平面图

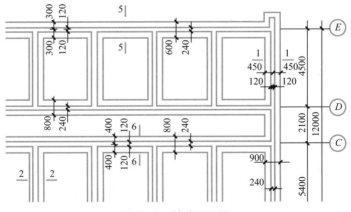

图 9-9　基础平面图

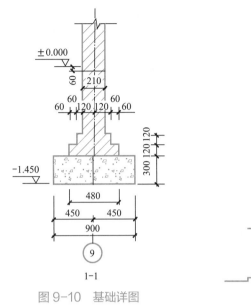

图 9-10 基础详图

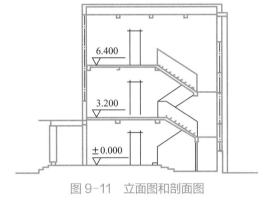

图 9-11 立面图和剖面图

2. 现场踏勘

为了解施工现场上地物，地貌以及现有测量控制点的分布情况，应进行现场踏勘，以便根据实际情况考虑测设方案。

3. 确定测设方案和准备测设数据

在熟悉设计图纸，掌握施工计划和施工进度的基础上，结合现场条件和实际情况，拟定测设方案。测设方案包括测设方法、测设步骤、采用的仪器工具、精度要求、时间安排等。

在每次现场测设之前，应根据设计图纸和测量控制点的分布情况，准备好相应的测设数据并对数据进行检核，需要时还可绘出测设略图，把测设数据标注在略图上，使现场测设时更方便快速，并减少出错的可能。

二、主轴线测设

建筑物主轴线是多层建筑物细部位置放样的依据，施工前，应先在建筑场地上测设出建筑物的主轴线。根据建筑物的布置情况和施工场地实际条件，建筑物主轴线可布置成三点直线形、三点直角形、四点丁字形及五点十字形等各种形式。主轴线的布设形式与作为施工控制的建筑基线相似。主轴线无论采用何种形式，主轴线的点数一般不得少于 3 个。

1. 根据建筑红线测设主轴线

在城市建设中，新建建筑物均由规划部门给设计或施工单位规定建筑物的边界位置。由城市规划部门批准并经测定的具有法律效用的建筑物边界线，称为建筑红线。建筑红线一般与道路中心线相平行。

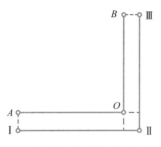

图 9-12　根据建筑红线测设主轴

图 9-12 中，Ⅰ、Ⅱ、Ⅲ三点设为地面上测设的场地边界点，其连线Ⅰ-Ⅱ、Ⅱ-Ⅲ称为建筑红线。建筑物的主轴线 AO、OB 就是根据建筑红线来测设的。由于建筑物主轴线和建筑红线平行或垂直，所以用直角坐标法来测设主轴线就比较方便。当 A、O、B 三点在地面上标出后，应在 O 点架设经纬仪，检查 AOB 是否等于 90°。OA、OB 的长度也要进行实量检验，如误差在容许范围内，即可作合理的调整。

2. 根据建筑方格网测设主轴线

在施工现场有建筑方格网控制时，可根据建筑物各角点的坐标利用第八章介绍的直角坐标法来测设主轴线。

3. 根据现有建筑物测设主轴线

在现有建筑群内新建或扩建时，设计图上通常给出拟建的建筑物与原有建筑物或道路中心线的位置关系数据，建筑物主轴线就可根据给定的数据在现场测设。图 9-13 中所表示的是几种常见的情况，画有斜线的为现有建筑物，未画斜线的为拟建的多层建筑物。图 9-13（a）中拟建的多层建筑物轴线 AB 在现有建筑物轴线 MN 的延长线上。测设直线 AB 的方法如下：先作 MN 的垂线 MM' 及 NN'，并使 $MM'=NN'$，然后在 M' 处架设经纬仪作 $M'N'$ 的延长线 $A'B'$（使 $N'A'=d_1$），在 A'、B' 处架设经纬仪作垂线可得 A、B 两点，其连线 AB，即为所要确定的直线。一般也可以用线绳紧贴 MN 进行

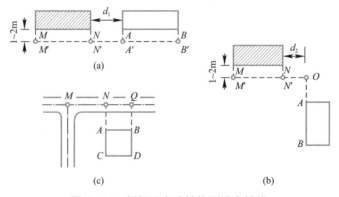

图 9-13　根据现有建筑物测设主轴线

穿线，在线绳的延长线上定出 AB 直线。图 9-13（b）是按上法定出 O 点后转 90°，根据有关数据定出 AB 直线。图 9-13（c）中，拟建的多层建筑物平行于原有的道路中心

线，其测设方法是先定出道路中心线位置，然后用经纬仪测设垂线和量距，定出拟建建筑物的主轴线。

三、定位测量

1. 房屋基础放线

在建筑物主轴线的测设工作完成之后，应立即将主轴线的交点用木桩标定于地面上，并在桩顶上钉小钉作为标志，再根据建筑物平面图，将其内部开间的所有轴线都一一测出。然后检查房屋各轴线之间的距离，其误差不得超过轴线长度的1/2000。最后根据中心轴线，用石灰在地面上撒出基槽开挖边线，以便开挖。

2. 龙门板的设置

施工开槽时，轴线桩要被挖掉。为方便施工，在一般多层建筑物施工中，常在基槽外一定距离（至少1.5m）外钉设龙门板（图9-14b）。

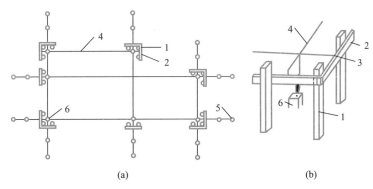

(a)   (b)

图9-14 龙门板与轴线控制桩

1—龙门桩；2—龙门板；3—轴线钉；4—线绳；5—轴线控制桩；6—轴线桩

钉设龙门板的步骤为：先钉设龙门桩，再根据建筑场地的水准点，在每个龙门桩上测设 ±0 高程线。然后沿龙门桩上测设的 ±0 高程线钉设龙门板，龙门板高程的测定容许误差为 ±5mm。最后根据轴线桩，用经纬仪将墙、柱的轴线投到龙门板顶面上，并钉小钉标明，所钉之小钉称为轴线钉。投点容许误差为 ±5mm。在轴线钉之间拉紧钢丝，可吊垂球随时恢复轴线桩点（图9-14b）。

3. 轴线控制桩的测设

龙门板由于在挖槽施工时不易保存，目前已较少采用。现在多采用在基槽外各轴线的延长线上测设轴线控制桩的方法（图9-14a），作为开槽后各阶段施工中确定轴线位置的依据。房屋轴线的控制桩又称引桩。在多层建筑物施工中，引桩是向上层投测轴线的依据。引桩一般钉在基槽开挖边线 2m 以外的地方，在多层建筑物施工中，为便于向上投点，应在较远的地方测定，如附近有固定建筑物，最好把轴线投测在建筑物上。在一般小型建筑物放线中，引桩多根据轴线桩测设；在大型建筑物放线时，为了保证引桩的精度，一般都是先测引桩，再根据引桩测设轴线桩。

四、基础施工测量

1. 基槽抄平

图 9-15　基槽高程测设

建筑施工中的高程测设，又称为抄平。为了控制基槽的开挖深度，当基槽挖到离槽底设计高 0.3~0.5m 时，应用水准仪在槽壁上测设一些水平的小木桩（水平桩），使木桩的上表面离槽底的设计高程为一固定值（图 9-15）。必要时，可沿水平桩的上表面拉上白线绳，作为清理槽底和打基础垫层时掌握高程的依据。高程点的测量容许误差为 ±10mm。

2. 垫层中线投测与高程控制

垫层打好以后，根据轴线控制桩或龙门板上的轴线钉，用经纬仪把轴线投测到垫层上，然后在垫层上用墨线弹出墙中心线和基础边线，以便砌筑基础。垫层高程可以在槽壁弹线，或者在槽底钉入小木桩进行控制，若垫层上支有模板，则可直接在模板上弹出高程控制线。

3. 防水层抄平与轴线投测

当基础墙砌筑到 ±0.000 位置下一层砖时，应用水准仪测设防水层的高程，其测量容许误差为 ±5mm。防水层做好后，根据轴线控制桩或龙门板上的轴线钉进行投点，其投点容许误差为 ±5mm。然后将墙轴线和墙边线用墨线弹到防水层面上，并延伸和标注到基础墙的立面上。

五、主体施工测量

1. 轴线投测

在多层建筑墙身砌筑过程中，为了保证建筑物轴线位置正确，可用经纬仪把轴线投测到各层楼板边缘或柱顶上。每层楼板中心线应测设长线（列线）1~2 条，短线（行线）2~3 条，其投点容许误差为 ±5mm。然后根据由下层投测上来的轴线，在楼板上分间弹线。如图 9-16 所示，投测时，把经纬仪安置在轴线控制桩上，后视首层墙底部的轴线标志点，用正倒镜取中的方法，将轴线投到上层楼板边缘或柱顶上。当各轴线投到楼板上之后，要用钢尺实量其间距作为校核，其相对误差不得大于 $\frac{1}{2000}$。经校核合格后，方可开始该层的施工。为了保证投测质量，使用的仪器一定要经检验校正，安置仪器时一定要严格对中、整平。为了防止投点时仰角过大，经纬仪距建筑物的水平距离要大于建筑物的高度，否则应采用正倒镜延长直线的方法将轴线向外延长到建筑物的总高度以外，或附近的多层或高层建筑屋顶面上，并可在轴线上安置经纬仪，以首层轴线为准，逐层向上投测。

2. 高程传递

多层建筑物施工中，要由下层梯板向上层传递高程，以便使楼板、门窗口、室内装修等工程的高程符合设计要求。高程传递一般可采用以下几种方法进行：

（1）利用钢尺直接丈量

在高程精度要求较高时，可用钢尺沿某一墙角自 ±0.000 起向上直接丈量，把高程传递上去。然后根据由下面传递上来的高程，作为该层墙身砌筑和安装门窗、过梁及室内装修、地坪抹灰时掌握高程的依据。

（2）吊钢尺法

在楼梯间悬吊钢尺（钢尺零点朝下），用水准仪读数，把下层高程传到上层。如图 9-17 所示，二层楼面的高程可 H_2 根据一层楼面高程 H_1 计算求得：

$$H_2 = h_1 + a + (c-b) - d \tag{9-3}$$

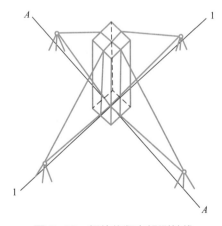

图 9-16 经纬仪竖向投测轴线

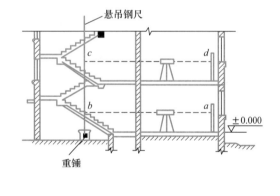

图 9-17 吊钢尺法传递高程

（3）普通水准测量法

使用水准仪和水准尺，按普通水准测量方法沿楼梯间也可将高程传递到各层楼面。表 9-1 是《工程测量标准》GB 50026—2020 建筑物施工放样的允许偏差表。

建筑物施工放样的允许偏差表　　　　　　　　　表 9-1

项目	内容		测量允许偏差（mm）
基础桩位放样	单排桩或群桩中的边桩		±10
	群桩		±20
各施工层上放线	轴线点		±4
	外廊主轴线长度 L（m）	L≤30	±5
		30<L≤60	±10
		60<L≤90	±15
		90<L≤120	±20
		120<L≤150	±25
		150<L≤200	±30
		L>200	按 40% 的施工限差取值
	细部轴线		±2
	承重墙、梁、柱边线		±3
	非承重墙边线		±3
	门窗洞口线		±3

第三节　高层建筑施工测量

一、概述

高层建筑物的施工测量有别于一般建筑物的施工测量。由于建筑层数多、高度高以及结构竖向偏差直接影响工程质量和受力情况，故高层建筑施工测量的主要问题是控制竖向偏差。高层建筑施工所选用的仪器和测量方法要适应结构类型、施工方法和场地情况。另外，高层建筑物由于建筑结构复杂，设备和装修标准较高，特别是高速电梯的安装等，对施工测量精度要求亦高，各种限差在设计图纸中均有详细说明。现在，不少高层建筑物的建筑平面、立面造型新颖且复杂多变，故要求开工前先制定施测和仪器配备方案，并经工程指挥部组织有关专家论证后方可实施。高层建筑施工测量还须执行严格复核、审核制度，如定位、放线等工作要进行自检、复检，合格后再由主管监理部门验收。

高层建筑施工的有关精度要求如下：

（1）高层建筑物的平面控制网和主轴线，应根据复核后的红线桩或坐标点准确地测量。平面网中的控制线应包括高层建筑物的主要轴线，间距宜为 30～50m，并组成封闭图形，其测距精度应高于 $\dfrac{1}{10000}$，测角精度应高于 20″。

（2）测量竖向垂直度时，每隔 3～5 条轴线选取一条竖向控制轴线。各层均应由初始控制线向上投测。层间垂直度测量偏差不应超过 3mm。高层建筑物全高垂直度测量偏差不应超过 3H/10 000（H 为建筑物总高度），且不应大于：

30m＜H≤60m 时，10mm；60m＜H≤90m 时，15mm；90m＜H 时，20mm。

（3）建筑物的高程控制网应根据复核后的水准点或已知高程点引测，引测高程可用附合测法或往返测法，闭合差不应超过 $\pm 5\sqrt{n}$ mm（n 为测站数）或 $\pm 20\sqrt{L}$ mm（L 为测线长度，以 km 为单位）。

（4）建筑物楼层高程由首层 ±0.000 高程控制。当建筑物高度超过 30m 或 50m 时，应另设高程控制线。层间测量偏差不应超过 ±3mm，建筑物总高测量偏差不应超过 3H/10 000（H 为建筑物总高度），且不应超过：

30m＜H≤60m 时，±10mm；60m＜H≤90m 时，±15mm；90m＜H 时，±20mm。

二、桩位放样及基坑标定

1. 桩位放样

在软土地基区的高层建筑常用桩基，一般都打入钢管桩或钢筋混凝土预制桩。由于高层建筑的上部荷重主要由钢管桩或钢筋混凝土预制桩承受，所以对桩位要求较高，其定位偏差不得超过有关规范的规定要求。为此在定桩位时必须按照建筑施工控制网，实地定出控制轴线，再按设计的桩位图中所示尺寸逐一定出桩位定出的桩位之间尺寸必须再进行一次校核，以防定错。

2. 建筑物基坑标定

高层建筑由于采用箱形基础和筏式基础较多，所以其基坑较深，有时深达 20 多米。在开挖其基坑时，应当根据规范和设计所规定的（高程和平面）精度完成土方工程。对于基坑轮廓线的测定，常用的方法有以下几种：

（1）投线交会法

根据建筑物的轴线控制桩（图 9-18）利用经纬仪投线交会测设出建筑物所有外围的轴线桩，然后按设计图纸用钢尺定出其开挖基坑的边界线。

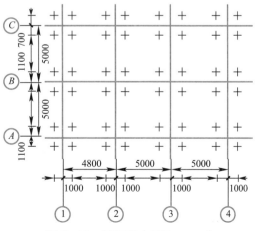

图 9-18 桩位图（单位：mm）

（2）主轴线法

建筑方格网一般都确定一条或两条主轴线。主轴线的形式有 L 形、T 形或十字形等布置形式。这些主轴线是作为建筑物施工的主要控制依据。因此，当建筑物放样时，按照建筑物柱列线或轮廓线与主轴线的关系，在建筑场地上定出主轴线后，然后根据主轴线逐一定出建筑物的轮廓线。

（3）极坐标法

由于高层建筑物的造型格调从单一的方形向多面体形等复杂的几何图形发展，这样对建筑物的放样定位带来了一定的复杂性，极坐标法是比较灵活的放样定位方法。具体做法是：首先按设计要素如轮廓坐标与施工控制点的关系，计算其方位角及边长，在控制点上按其计算所得的方位角和边长，逐一测定点位。将建筑物的所有轮廓点位定出后，再行检查是否满足设计要求。

总之，根据施工场地的具体条件和建筑物几何图形的繁简情况，测量人员可选择最合适的方法进行放样定位，再根据测设出的建筑物外围轴线定出其开挖基坑的边界线。

三、基坑支护工程监测

高层建筑物大都设有地下室，施工时会出现深基坑工程。从地表开挖基坑的最简单办法是放坡大开挖，既经济又方便。在城市，由于施工场地狭窄，不可能采用放坡开挖施工，而常采用深基坑支护措施，其目的是保证在挖土时边壁的稳定。基坑支护结构的变形以及基坑对周围建筑物的影响，目前尚不能根据理论计算准确地得到定量的结果，因此，对基坑支护工程的现场监测就显得十分必要。现场监测所取得的数据，与预测值相比较，能可靠地反映工程施工所造成的影响，能较准确地以量的形式反映这种影响的程度。现场监测数据还能为基坑施工及周围环境保护的技术决策和采取应变措施提供有效的依据。基坑支护工程的沉降监测可参看本章"建筑物的变形观测"部分，这里仅介绍基坑支护工程水平位移监测方法。

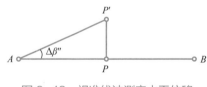

图 9-19　视准线法测定水平位移

（1）视准线法

水平位移观测方法有很多，诸如视准线法、引张线法、导线法以及前方交会法等。结合到施工工地的特点，对支护工程多采用视准线法。如图 9-19 所示，建立一条基线 OA，利用精密经纬仪测定小角 $\Delta\beta$，从而可计算出 P 点的水平位移值 Δ，即：

$$\Delta=\frac{\Delta\beta''}{\rho''}S \qquad\qquad （9-4）$$

式中，S 是测站点 A 到观测点 P 之间的水平距离：$\rho'' = 2\,062\,65''$

在视准线测小角法中，平距 S 只需丈量一次，在以后的各期观测中，可认为其值不变，因此，这种方法简便易行，在施工场地被广泛采用。但此法也有缺点，对于一般的长方形基坑需要布设四条基线进行观测，一方面，安置经纬仪的次数多，会大大降低工作效率；另一方面，在城市市区工地施工现场，要想布设四条基线比较困难。

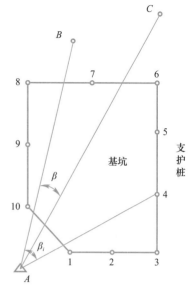

图 9-20　用全站仪观测水平位移

（2）全站仪监测法

1）观测原理

对任何形状的基坑现场，用全站仪来监测只需建立一条基准线 AB（图 9-20），其测量原理如下：对某测点 i，利用全站仪同时测定水平角 β_i 和水平距离 D_i，则可利用观测值（β_i，D_i）来计算出该点的施工坐标值（x_i，y_i），即：

$$x_i = x_A + D_i\cos\,(\alpha_{AB} + \beta_i)$$
$$y_i = y_A + D_i\sin\,(\alpha_{AB} + \beta_i)$$

（9-5）

式中 x_i，y_i 为基准点 A 的施工坐标值；α_{AB} 为基准线 AB 的方位角。两期结果之差（Δx_i，Δy_i）即是该期间内 i 点的水平位移，其中 Δx_i 为南北轴线方向的位移值，Δy_i 为东西轴线方向的位移值。

2）注意事项

a. 基准点 A 最好做成强制对中式的观测墩，这样可以消除对中误差，同时提高了工作效率，而且在繁杂的工地上也易于得到保护；

b. 基准方向至少选两个，如 B 和 C，每次观测时可以检查基准线 AB 与 AC 间夹角 β，以便间接检查 A 点的稳定性；另外，B 点和 C 点应选取尽可能远离基坑的建筑物上的明显标志点；

c. 观测点应做在圈梁上，应稳固且尽可能明显；如用水泥把小直径钢筋（头部刻划十字）埋在圈梁上，这样可提高水平角 β_i 和平距 D_i 的测量精度，从而提高成果质量；

d. 监测成果应及时反馈，与建设单位、监理单位、施工单位及时沟通，及时解决施工中出现的问题。

四、轴线的竖向投测

9-3

　　高层建筑物施工测量中的主要问题是控制垂直度，即将建筑物基础轴线准确地向高层引测，并保证各层相应的轴线位于同一竖直面内，控制竖向偏差，使轴线向上投测的偏差值不超限，表 9-2 为《工程测量标准》GB 50026—2020 轴线竖向投测限差表。轴线向上投测时，要求竖向误差在本层内不超过 3mm，全楼累计误差值不应超过 $3H/10\,000$（H 为建筑物总高度），且不应大于：

轴线竖向投测限差（允许偏差）　　　　　　表 9-2

项目		限差
每层（层间）		±3mm
建筑总高（全高）H（m）	30m≥H	±5mm
	30m<H≤60m	±10mm
	60m<H≤90m	±15mm
	90m<H≤120m	±20mm
	120m<H≤150m	±25mm
	150m<H≤200m	±30mm
	H>200m	按 40% 的施工限差取值

　　高层建筑物轴线的竖向投测，主要有外控法和内控法两种，下面分别介绍这两种方法：

1. 外控法

　　外控法是在建筑物外部，利用经纬仪，根据建筑物的轴线控制桩来进行轴线的竖向投测。高层建筑物的基础工程完工后，经纬仪安置在轴线控制桩上，将建筑物主轴线精确地投测到建筑物底部，并设立标志，以供下一步施工与向上投测之用。另外，以主轴线为基准，重新把建筑物角点投测到基础顶面，并对原来作的柱列轴线进行复核。随着建筑物的升高，要逐步将轴线向上投测传递。外控法向上投测建筑物轴线时，是将经纬仪安置在远离建筑物的轴线控制桩上，分别以正、倒镜两次投测点的中点，得到投测在该层上的轴线点。按此方法分别在建筑物纵、横主轴线的控制桩上安置经纬仪，就可在同一层楼面上投测出轴线点。楼面上纵、横轴线点连线构成的交点，即是该层楼面的施工控制点。

　　当建筑物楼层增至相当高度（一般为 10 层以上）时，经纬仪向上投测的仰角增大，投点精度会随着仰角的增大而降低，且观测操作也不方便。因此必须将主轴线控制桩引测到远处的稳固地点或附近大楼的屋面上，以减小仰角。为了保证投测质量，使用的经纬仪必须经过严格的检验校正，尤其是照准部水准管轴应严格垂直仪器竖轴。安置经纬仪时必须使照准部水准管气泡严格居中。

2. 内控法

高层建筑物轴线的竖向投测目前大多使用重锤或铅垂仪等仪器，利用内控法来进行。根据使用仪器的不同，内控法有吊线坠法、准直仪法、激光经纬仪法等。

（1）吊线坠法

一般用于高度在 50~100m 的高层建筑施工中。可用 10~20kg 的特制线坠，用直径 0.5~0.8mm 钢丝悬吊，在 ±0.000 首层地面上以靠近高层建筑结构四周的轴线点为准，逐层向上悬吊引测轴线和控制结构的竖向偏差。如南京市金陵饭店主楼（高110.75m）和北京市中央彩电播出楼（高 112m）就是采用吊线坠法作为竖向偏差的检测方法，效果很好。在用此法施测时，要采取一些必要措施，如用铅直的塑料管套着坠线，以防风吹，并采用专用观测设备，以保证精度。

（2）准直仪法（天顶、天底准直仪）

准直仪又称垂准仪，置平仪器上的水准管气泡后，仪器的视准轴即处于铅垂位置，可以据此进行向上或向下投点。若采用内控法，首先应在建筑物底层平面轴线桩位置预埋标志，其次在施工时要在每层楼面相应位置处都预留孔洞，供铅垂仪照准及安放接收屏之用（图 9-21）。

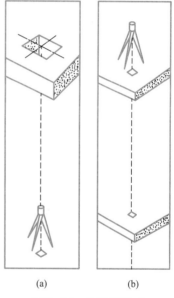

（3）激光经纬仪法

激光经纬仪是利用配套的激光附件装配在经纬仪上组成的仪器。激光附件由激光目镜、光导管、氦氖激光器和激光光源组成。

激光经纬仪使用时是将仪器安置在地面控制点上，严格对中、整平，接通电源，即可发出激光，在楼板的

(a)   (b)

图 9-21 铅垂仪投点

预留孔上放一激光接收靶，看到激光后通过对讲机指挥仪器操作员调节激光光斑大小，旋转经纬仪一周，取光斑轨迹的中心即可。

另外，用经纬仪或全站仪加上弯管目镜亦可进行内投法投测。

五、高程传递

高层建筑物施工中，要由下层楼面向上层传递高程，使上层楼板、门窗口、室内装修等工程的高程符合设计要求。标高竖向传递不超限（表 9-3），传递高程的方法与多层建筑物高程传递的方法相同。

9-4

标高竖向传递限差（允许偏差）	表 9-3
项目	限差
每层（层间）	±3mm

建筑总高（全高）H（m）		
30m≥H	±5mm
30m＜H≤60m	±10mm
60m＜H≤90m	±15mm
90m＜H≤120m	±20mm
120m＜H≤150m	±25mm
150m＜H≤200m	±30mm
H＞200m	按 40% 的施工限差取值

第四节　工业建筑施工测量

一、工业厂房施工控制网的建立

工业厂房一般规模较大，内部设施复杂，有的厂房之间还有流水线生产设施，因此对厂房位置和内部各轴线的尺寸都有较高的精度要求为保证精度，工业厂房的测设，通常要在厂区施工控制网的基础上测设对厂房起直接控制作用的厂房控制网，作为测设厂房位置和内部各轴线的依据由于厂房多为排柱式建筑，跨距和间距大，但隔墙少，平面布置简单，所以厂房施工中多采用由柱列轴线控制桩组成的矩形方格网，作为厂房控制网。

1. 厂房控制点坐标的设计

厂房控制网的四个角点，称为厂房控制点，点位设在基坑开挖范围以外一定距离处。其坐标是根据厂房四个角点的已知坐标推算出来的。如图 9-22 中 p、q、r、s 为厂房角点，P、Q、R、S 为厂房控制点，设四边的间距均为 4m，若厂房角点 s 的坐标为 $A=222$m，$B=186$m，则相应的厂房控制点 S 点的坐标为

$$A=222-4=218\text{m}$$
$$B=184+4=190\text{m}$$

其余各点的坐标同法推算而得，其中坐标 $A=218$m 也可表示为 $2A+18$，坐标 $B=190$m 也可表示为 $1B+90$。

2. 厂房控制网格的测设

厂房控制网是以厂区控制网为依据进行测设的，如图 9-22 所示，厂区控制网为建

筑方格网，可根据建筑方格网点 E、F 和厂房控制网角点的坐标，计算测设数据，利用 EF 边用直角坐标法将厂房控制网四角点测设在地面上，打下大木桩，在桩顶上作出标志点。然后用经纬仪检查 $\angle PQR$、$\angle QRS$ 是否为 90°，其与 90° 之差应小于 ±10″。用钢尺检查 PS 和 QR 边长，其与设计边长的相对误差也应小于 1/10 000、若误差在容许范围内，钉一小铁钉固定，以示 P、Q、R、S 的点位。

为了便于标定柱列轴线，还应在厂房控制网的边线上，每隔柱子间隔（一般 6m）的整数倍（如 24m、48m 等）测设一对距离指示桩，用来加密厂房控制网。

二、工业厂房柱列轴线的测设

厂房柱列轴线的测设工作是在厂房控制网的基础上进行的。如图 9-23 所示，P、Q、R、S 是厂房矩形控制网的四个控制点，A、B、C 和①、②、…、⑨等轴线均为柱列轴线，其中定位轴线 B 轴和⑤轴为主轴线。柱列轴线的测设可根据柱间距和跨间距用钢尺沿矩形网四边量出各轴线控制桩的位置，并打入大木桩，钉上小钉，作为测设基坑和施工安装的依据。为此，要先设计厂房控制网角点和主要轴线的坐标，根据建筑场地的控制测设这些点位，然后按照厂房跨距和柱列间距定出柱列轴线。测设后，检查轴线间距，其误差不得超过 1/2000。

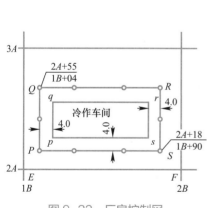

图 9-22　厂房控制网　　　　图 9-23　柱列轴线与柱基的测设

三、桩基的测设

1. 柱基轴线的测设

柱基测设就是根据基础平面图和基础大样图的有关尺寸，把基坑开挖的边线用白灰标示出来以便开挖。为此，安置两台经纬仪在相应的轴线控制桩（如图 9-23 中的 A、B、C 和①、②等点）上交出各柱基的位置（即定位轴线的交点）。

在进行柱基测设时，应注意定位轴线不一定都是基础中心线，有时一个厂房的柱基类型不一，尺寸各异，放样时应特别注意。

2. 基坑标高测设

当基坑挖到一定深度时，应在坑壁四周离坑底设计高程 0.3～0.5m 处设置几个水平桩，作为基坑修坡和清底的高程依据。此外还应在基坑内测设出垫层的高程，即在坑底设置小木桩，使桩顶面恰好等于垫层的设计高程。

3. 基础模板的定位

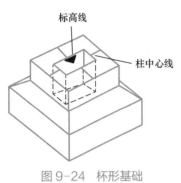

图 9-24　杯形基础

打好垫层以后，根据坑边定位小木桩，用拉线的方法，吊垂球把柱基定位线投到垫层上，用墨斗弹出墨线，用红漆画出标记，作为柱基立模板和布置基础钢筋网的依据。立模时，将模板底线对准垫层上的定位线，并用垂球检查模板是否竖直。最后将柱基顶面设计高程测设在模板内壁。拆模后，用经纬仪根据控制桩在杯口面上定出柱中心线（图 9-24），再用水准仪在杯口内壁定出 ±0.000 标高线，并画出"▽"标志，以此线控制杯底标高。

四、厂房构件安装测量

1. 厂房柱子安装测量

（1）柱子安装前的准备工作

柱子安装前，应对基础中心线及其间距、基础顶面和杯底标高等进行复核，再把每根柱子按轴线位置进行编号，并检查各尺寸是否满足图纸设计要求，检查无误后才可弹以墨线。在柱子上的三个侧面，弹上柱子中心线，并根据牛腿面设计高程，用钢尺量出柱下口水平线的位置。

然后用柱子上弹的高程线与杯口内的高程线比较，以确定每一杯口内的抄平层厚度。过高时应凿去一层，用水泥砂浆抹平，过低时用细石混凝土补平。最后再用水准仪进行检查，其容许误差为 ±3mm。

（2）柱子安装测量

柱子安装的要求是保证其平面和高程位置符合设计要求，柱身铅直。预制的钢筋混凝土柱子插入杯形基础的杯口后，应使柱子三面的中心线与杯口中心线对齐吻合，用木楔或钢楔作临时固定，如有偏差可用锤敲打楔子拨正，其容许偏差小于 $H/1000$（其中：H 为柱长，单位米）。然后用两台经纬仪安置在约 1.5 倍柱高距离的纵、横两条轴线附近，同时进行柱身的竖直校正（图 9-25）。

经过严格检验校正的经纬仪在整平后，其视准轴上、下转动成一竖直面。据此，可用经纬仪作柱子竖直校正，先用纵丝瞄准柱子根部的中心线，制动照准部，缓缓抬高望远镜，观察柱子中心线偏离纵丝的方向，指挥用钢丝绳拉直柱子，直至从两台经纬仪中观测到的柱子中心线从下而上都与十字丝纵丝重合为止。然后在杯口与柱子的隙缝中浇入混凝土，以固定柱子的位置。

（3）校正柱子时应注意两个问题

1）在施工现场进行柱子校正测量时，由于施工现场障碍物多，或因柱子间距短，仪器无法仰

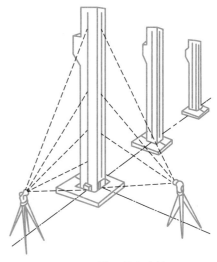

图 9-25 柱子的竖直校正

视，故往往将仪器偏离柱中心线一边来进行校正较为方便。但这种做法只能在柱子上下中心点在同一垂直面上时应用，如果柱子上下中心点不在同一垂直面上，就不能用此法。

2）吊装和校正柱子都是露天作业，受到风吹日晒的影响。如某工程项目曾发生一列柱子校正后隔了一天全部发生偏斜，超过了允许误差范围的现象，查找原因，发现在夏天柱子一直受阳光暴晒，使朝阳面和背阳面温差过大所至。这种情况是由于发生在焊接过程中，吊车梁、房架等都还没有完全安装就位、焊接好而发生的。

2. 吊车梁安装测量

吊车梁的安装测量主要是保证吊车梁中线位置和梁的标高满足设计要求。

（1）吊车梁安装时的高程测量

吊车梁顶面的标高应符合设计要求。用水准仪根据水准点检查柱子上所画 ±0.000 标志的高程，其误差不得超过 ±5mm。如果误差超限，则以检查结果作为修平牛腿面或加垫块的依据。并改正原 ±0.000 高程位置，重新画出该标志。

（2）吊车梁安装时的中线测量

根据厂房控制网的控制桩或杯口柱列中心线，按设计数据在地面上定出吊车梁中心线的两端点，打大木桩标志。然后用经纬仪将吊车梁中心线投测到每个柱子的牛腿面的侧边上，并弹以墨线，投点容许误差为 ±3mm，投点时如果与有些柱子的牛腿不通视，可以从牛腿面向下吊垂球的方法解决中心线的投点问题。吊装时，应使吊车梁中心线与牛腿上中心线对齐。

3. 吊车轨道安装测量

吊车轨道安装测量的目的是保证轨道中心线、轨顶标高均符合设计要求。

建筑工程测量（第三版）

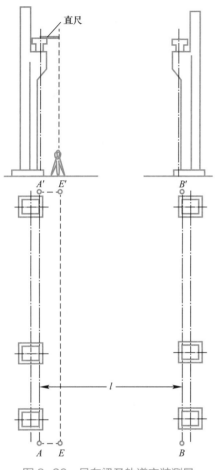

图 9-26　吊车梁及轨道安装测量

（1）在吊车梁上测设轨道中心线

当吊车梁安装以后，再用经纬仪从地面把吊车梁中心线（亦即吊车轨道中心线）投到吊车梁顶上，如果与原来画的梁顶几何中心线不一致，则按新投的点用墨线重新弹出吊车轨道中心线作为安装轨道的依据。

由于安置在地面中心线上的经纬仪不可能与吊车梁顶面通视，因此一般采用中心线平移法，如图 9-26 所示，在地面平行于 AA' 轴线、间距为 1m 处测设 EE' 轴线。然后安置经纬仪于 E 点，瞄准 E' 点进行定向。抬高望远镜，使从吊车梁顶面伸出的长度为 1m 的直尺端正好与纵丝相切，则直尺的另一端即为吊车轨道中心线上的点。

然后用钢尺检查同跨两中心线之间的跨距 l，与其设计跨距之差不得大于 10mm。经过调整后用经纬仪将中心线方向投到特设的角钢或屋架下弦上，作为安装时用经纬仪校直轨道中心线的依据。

（2）吊车轨道安装时的高程测量

在轨道安装前，要用水准仪检查梁顶的高程。每隔 3m 在放置轨道垫块处测一点，以测得结果与设计数据之差作为加垫块或抹灰的依据。在安装轨道垫块时，应重新测出垫块高程，使其符合设计要求，以便安装轨道。梁面垫块高程的测量容许误差为 ±2mm。

（3）吊车轨道检查测量

轨道安装完毕后，应全面进行一次轨道中心线、跨距及轨道高程的检查，以保证能安全架设和使用吊车。

表 9-4 为柱子、桁架或梁安装测量的偏差表。

柱子、桁架或梁安装测量的偏差表

表 9-4

测量内容	允许偏差（mm）
钢柱垫板标高	±2
钢柱 ±0 标高检查	±2
预制混凝土柱 ±0 标高检查	±3

190

续表

测量内容		允许偏差（mm）
柱子垂直度检查	钢柱牛腿	5
	柱高 10m 以内	10
	柱高 10m 以上	$H/1000$、且≤20
桁架和实腹梁、桁架和钢架的支承结点间相邻高差的偏差		±5
梁间距		±3
梁面垫板标高		±2

第五节 烟囱和水塔的施工测量

烟囱或水塔的共同特点是：基础面积小、主体高，抗倾覆性能差，其对称轴通过基础圆心的铅垂线。所以施工测量的主要任务就是控制中心位置，以确保烟囱或水塔的主体竖直。根据施工规范：筒身中心轴线垂直度偏差最大不得超过 110mm，当筒身高度 $H > 100$m 时，其偏差不应超过 0.05%，其圆环的直径偏差不得大于 30mm。

一、基础定位测量

根据图纸的设计要求和计算数据，利用已有控制点或与已有建筑物的位置尺寸关系，在地面上测设出烟囱中心位置 o，然后在 o 点安置经纬仪，测设出以 o 为交点的互相垂直的两条定位轴线 AB 和 CD，并埋设控制桩 A、B、C、D。控制桩至交点 o 的距离一般应为烟囱高的 1.5 倍，如图 9-27 所示。为便于校核桩位有无变动，以及施工过程检查烟囱中心位置的方便，可适当多设置几个轴线控制桩。在基坑开挖边线外侧的轴线上测设四个定位小木桩，a、b、c、d，以便修坡和恢复基础中心位置使用。

二、基础施工测量

烟囱中心 o 点定出后，以 o 为圆心，基础底部半径 r 和基坑放坡坡度 b 为半径 R，即：$(R = r + b)$ 画圆，并用灰线标出挖坑范围。

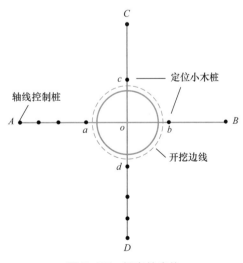

图 9-27 烟囱的定位

浇灌基础混凝土时，根据定位小木桩，在基础中心处埋设角钢，用经纬仪准确地在角钢顶面测出烟囱的中心位置，并刻上"十"字线，作为烟囱竖向投点和控制筒身半径的依据。

三、筒身施工测量

烟囱筒身向上砌筑时，其筒身中心线、直径、收坡应严格进行控制。不论是砖烟囱还是钢筋混凝土烟囱，筒身施工时都要随时将烟囱中心点引测到施工作业面上。一般高度在 100m 以下的烟囱，常采用垂球引测。即在施工作业面上固定一长木方，用细钢丝悬吊 8～12kg 重的垂球，移动木方，直到垂球尖对准基础中心为止。此时钢丝在木方上的位置即为烟囱的中心。一般砖烟囱每升高一步架（约 1.2m），混凝土烟囱每提升一次模板（约 2.5m），都应将基础中心引测到作业面上。高度在 100m 以上的烟囱用激光铅垂仪引测。

另外，烟囱每砌完 10m 左右，须用经纬仪检查一次中心位置。检查时，将经纬仪分别置于 A、B、C、D 控制点上，照准基础侧面上的轴线标志，用正、倒镜分中的方法，分别将轴线投测到施工作业面上，并作标记。然后按标记拉线，两线交点即为烟囱中心点。将此中心点与用垂球引测的中心点相比较，进行检核。当筒身高度为 100m 或 100m 以下时，其偏差值不应超过所砌高度的 1.5/1000，且不大于 100mm；当筒身高度在 100m 以上时，其偏差值不应大于所砌高度的 1/1000 且不大于 100mm。

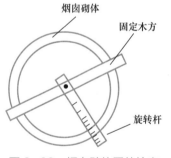

图 9-28　烟囱壁位置的检查

另外，在检查烟囱中心线的同时，还应检查筒身水平截面尺寸。以引测的中心线为圆心，施工作业面上烟囱的设计半径，用木杆尺画圆，如图 9-28 所示，以检查烟囱壁位置是否正确。

任何施工高度的设计半径都可根据设计图计算出。如图 9-29 所示。高度为 H' 时的设计半径 R' 为：

$$R' = R - H' \times m \tag{9-6}$$

式中　R——筒身设计底面半径；

　　　m——收坡系数。

其计算式：

$$m = \frac{R-r}{H} \tag{9-7}$$

式中　r——筒身设计顶面外半径；

H——筒身设计高度。

　　筒身外壁的坡度及表面平整，应随时用靠尺板挂线检查，如图 9-30 所示，靠尺板的斜边是按烟囱壁的收坡制作的。检测时，将靠尺板紧靠烟囱外壁，如果尺中所悬挂的垂球线恰好与靠尺板的中线相重合，说明筒壁的收坡符合设计要求。

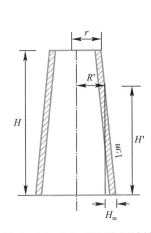

图 9-29　任一断面半径计算

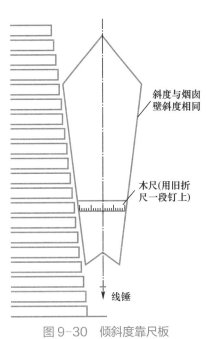

斜度与烟囱壁斜度相同

木尺(用旧折尺一段钉上)

线锤

图 9-30　倾斜度靠尺板

　　烟囱的标高控制，一般用水准仪在烟囱底部的外壁上测出一条 ±0.500m 的标高线，以此标高线直接用钢尺向上量取高度。

第六节　建筑变形监测

　　为保证工程建筑物在施工、使用和运行中的安全，以及为建筑设计积累资料，通常需要对工程建筑物及其周边环境的稳定性进行观测，这种观测称之为建筑物的变形监测。变形监测的主要内容包括沉降监测、位移监测、倾斜监测等。

一、沉降监测

1. 水准点和沉降观测点的设置

　　作为建筑物沉降观测的水准点一定要有足够的稳定性，同时为了保证水准点高程的正确性和便于相互检核，水准点一般不得少于 3 个，并选择其中一个最稳定的点作为水准基点。水准点必须设置在受压、受震的范围以外，冰冻地区水准点应埋设在冻土深度线以下 0.5m。水准点和观测点之间的距离应适中，相距太远会影响观测精度，相距太近又会影响水准点的稳定性，从而影响观测结果的可靠性，通常水准点和观测点之间的距离以 60～100m 为宜。

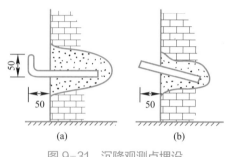

图 9-31　沉降观测点埋设

（a）φ20螺纹钢筋；（b）角钢

进行沉降观测的建筑物、构筑物上应埋设沉降观测点。观测点的数量和位置，应能全面反映建筑物、构筑物的沉降情况。一般观测点是均匀设置的，但在荷载有变化的部位、平面形状改变处、沉降缝的两侧、具有代表性的支柱和基础上、地质条件改变处等，应加设足够的观测点。沉降观测点的埋设可参看图 9-31。

变形测量的基准点应定期复测。复测周期应视基准点所在位置的稳定情况确定，在建筑施工过程中宜 1～2 月复测一次，点位稳定后宜每季度或每半年复测一次。当观测点变形测量成果出现异常，或当测区受到地震、洪水、爆破等外界因素影响时，应及时进行复测，并对其稳定性进行分析。

其中一个基准点的高程可自行假定，或由国家水准点引测而来，其他水准点的高程则采用水准测量方法，按闭合水准路线或往返水准路线进行观测，基准点及工作基点水准测量的精度级别应不低于沉降或位移观测的精度级别。水准观测的限差要求见表 9-5，表中 n 为测站数。

水准观测的限差表（mm）　　　　　　　表 9-5

级别		水准仪等级（最低）	基辅分划读数之差	基辅分划所测高差之差	往返较差及附合或环线闭合差	单程双测站所测高差较差	检测已测测段高差之差
一级		DS_{05}	0.3	0.5	$\leqslant 0.3\sqrt{n}$	$\leqslant 0.2\sqrt{n}$	$\leqslant 0.45\sqrt{n}$
二级		DS_1	0.3	0.5	$\leqslant 1.0\sqrt{n}$	$\leqslant 0.7\sqrt{n}$	$\leqslant 1.5\sqrt{n}$
三级	光学测微法	DS_1	1.0	1.5	$\leqslant 3.0\sqrt{n}$	$\leqslant 2.0\sqrt{n}$	$\leqslant 4.5\sqrt{n}$
	中丝读数法	DS_3	2.0	3.0			

2. 沉降观测的一般规定

（1）观测周期要求：一般待观测点埋设稳固后，且在建（构）筑物主体开工前，即进行第一次观测。在建筑物主体施工过程中，一般为每盖 1～2 层观测一次；大楼封顶或竣工后，一般每月观测一次，如果沉降速度减缓，可改为 2～3 个月观测一次，直到沉降量 100d 不超过 1mm 时，观测才可停止。

（2）观测方法和仪器要求：对于多层建筑物的沉降观测，可采用 S_3 水准仪用普通水准测量方法进行。对于高层建筑物的沉降观测，则应采用 S_1 精密水准仪，用二等水准测量方法进行。为了保证水准测量的精度，观测时视线长度一般不得超过 50m，前、后视距离要尽量相等。

（3）沉降观测的工作要求：沉降观测是一项较长期的连续观测工作，为了保证观测成果的正确性，应尽可能做到"三定"：①固定观测人员；②固定的仪器；③按规定的日期、方法及既定的路线、测站进行观测。

3. 沉降观测的成果整理

每次观测结束后，应检查记录中的数据和计算是否准确，精度是否合格，然后把各次观测点的高程，列入成果表中，并计算两次观测之间的沉降量和累计沉降量，同时也要注明观测日期和荷载情况，为了更清楚地表示沉降、荷重、时间三者的关系，还要画出各观测点的沉降、荷重、时间关系曲线图（图 9-32）。

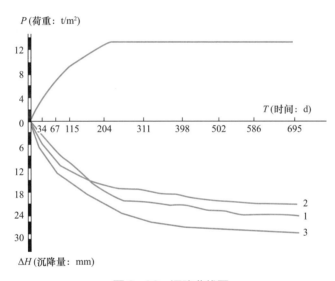

图 9-32　沉降曲线图

4. 沉降观测中常遇到的问题及其处理

（1）曲线在首次观测后即发生回升现象

在第二次观测时即发现曲线上升，至第三次后，曲线义逐渐下降。发生此种现象，一般都是由于首次观测成果存在较大误差所引起的。此时，应将第一次观测成果作废，而采用第二次观测成果作为首测成果。

（2）曲线在中间某点突然回升

发生此种现象的原因，多半是因为水准基点或沉降观测点被碰所致，如水准基点被压低，或沉降观测点被撬高，此时，应仔细检查水准基点和沉降观测点的外形有无损伤。若众多沉降观测点出现此种现象，则水准基点被压低的可能性很大，此时可改用其他水准点作为水准基点来继续观测，并再埋设新水准点，以保证水准点个数不少于 3 个；若只有一个沉降观测点出现此种现象，则多半是该点被撬高；若观测点被撬后已活动，则需另行埋设新点，若点位尚牢固，则可继续使用，对于该点的沉降量计算，则应进行合理处理。

（3）曲线自某点起渐渐回升

此种现象一般是由于水准基点下沉所致。此时，应根据水准点之间的高差来判断出最稳定的水准点，以此作为新水准基点，将原来下沉的水准基点废除。另外，埋在裙楼上的沉降观测点，由于受主楼的影响，有可能会出现属于正常的渐渐回升现象。

（4）曲线的波浪起伏现象

曲线在后期呈现微小波浪起伏现象，其原因是测量误差所造成的。曲线在前期波浪起伏之所以不突出，是因为下沉量大于测量误差之故；但到后期，由于建筑物下沉极微或已接近稳定，因此在曲线上就出现测量误差比较突出的现象。此时，可将波浪曲线改成为水平线，并适当地延长观测的间隔时间。

二、位移监测

位移观测是测定建筑物（基础以上部分）在平面上随时间而移动的大小及方向。位移观测首先要在建筑物旁埋设测量控制点，再在建筑物上设置位移观测点。

1. 角度前方交会法

利用讲述的前方交会法对观测点进行角度观测，计算观测点的坐标，由两期之间的坐标差计算该点的水平位移。

2. 基准线法

有些建筑物只要求测定某特定方向上的位移量，如大坝在水压力方向上的位移量，

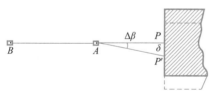

图 9-33　基准线法观测水平位移

这种情况可采用基准线法进行水平位移观测。观测时，先在位移方向的垂直方向上建立一条基准线，如图 9-33 所示，A、B 为控制点，P 为观测点，只要定期测量出观测点 P 与基准线 AB 的角度变化值 $\Delta\beta$，其位移量可按式（9-8）计算：

$$\delta = D_{AP} \cdot \frac{\Delta\beta''}{\rho''} \qquad (9-8)$$

式中　D_{AP}——A，P 两点间水平距离。

三、倾斜监测

建筑物产生倾斜的原因主要有地基承载力不均匀，建筑物体型复杂，形成不同荷

载；施工末达到设计要求，承载力不够；受外力作用（例如风荷载、地下水抽取、地震作用等）。建筑物倾斜观测是利用水准仪、经纬仪、垂球或其他专用仪器来测量建筑物的倾斜度 α。

1. 水准仪观测法

建筑物的倾斜观测可采用精密水准测量的方法，如图 9-34 所示，定期测出基础两端点的不均匀沉降量 Δh，再根据两点间的距离 L，即可算出基础的倾斜度 α：

$$\alpha = \frac{\Delta h}{L} \qquad (9-9)$$

如果知道建筑物的高度 H，则可推算出建筑物顶部的倾斜位移值 δ：

$$\delta = \alpha \cdot H = \frac{\Delta h}{L} \cdot H \qquad (9-10)$$

2. 经纬仪观测法

利用经纬仪测量出建筑物顶部的倾斜位移值 δ，再计算出建筑物的倾斜度 α：

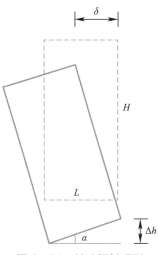

图 9-34 基础倾斜观测

$$\alpha = \delta / H \qquad (9-11)$$

利用经纬仪测量建筑物顶部的倾斜位移值 δ 的主要有以下两种：

（1）角度前方交会法

图 9-35 为一俯视图，图中 P' 为烟囱顶部中心位置，P 为底部中心位置，在烟囱附近布设基线 AB，安置经纬仪于 A 点，测定顶部 P' 两侧切线与基线的夹角，取其平均值，如图中的 α_1，再安置仪器于 B 点，测定顶部 P' 两侧切线与基线的夹角，取其平均值，如图中的 β_1，利用前方交会公式可计算出 P' 的坐标，同法可得 P 点的坐标，则 P'、P 两点间的平距 $D_{PP'}$ 由坐标反算公式求得，实际上 $D_{PP'}$ 即为倾斜位移值 δ。

（2）经纬仪投影法

此法为利用两架经纬仪交会投点的方法，将建筑物向外倾斜的一个上部角点投影至平地，量取与下面角点的倾斜位移值 δ（图 9-36）。

（3）悬挂垂球法

此法是测量建筑物上部倾斜的最简单方法，适合于内部有垂直通道的建筑物。从上部挂下垂球，根据上、下在同一位置上的点，直接测定倾斜位移值 δ。再根据式（9-11）计算倾斜度 α。

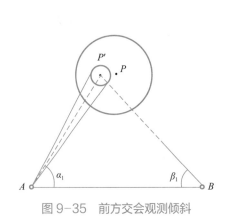

图 9-35　前方交会观测倾斜

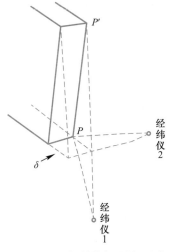

图 9-36　经纬仪投影法观测

✕ 第七节　竣工总图的编绘

一、编绘竣工总平面图的意义

竣工总平面图是设计总平面图在施工结束后实际情况的全面反映。设计总平面图与竣工总平面图一般不会完全一致，如在施工过程中可能由于设计时没有考虑到的问题而使设计有所变更，这种临时变更设计的情况必须通过测量反映到竣工总平面图上，因此，施工结束后应及时编绘竣工总平面图，其目的在于：

（1）它是对建筑物竣工成果和质量的验收测量；

（2）它将便于日后进行各种设施的维修工作，特别是地下管道等隐蔽工程的检查和维修工作；

（3）为企业的扩建提供了原有各项建筑物、地上和地下各种管线及测量控制点的坐标、高程等资料。

编绘竣工总平面图，需要在施工过程中收集一切有关的资料，并对资料加以整理，然后及时进行编绘。为此，在建筑物开始施工时应有所考虑和安排。

二、编绘竣工总平面图的方法和步骤

1. 绘制前准备工作

（1）确定竣工总平面图的比例尺：建筑物竣工总平面图的比例尺一般为 1/500

或 l/1000。

（2）绘制竣工总平面图图底坐标方格网：为了能长期保存竣工资料，竣工总平面图应采用质量较好的图纸，如聚酯薄膜、优质绘图纸等。编绘竣工总平面图，首先要在图纸上精确地绘出坐标方格网。坐标格网画好后，应进行检查。用直尺检查有关的交叉点是否在同一直线上；同时用比例直尺量出正方形的边长和对角线长，视其是否与应有的长度相等。图廓之对角线绘制容许误差为 ±0.5mm。

（3）展绘控制点：以图底上绘出的坐标方格网为依据，将施工控制网点按坐标展绘在图上。展点对所临近的方格而言，其容许误差为 ±0.3mm。

（4）展绘设计总平面图：在编绘竣工总平面图之前，应根据坐标格网，先将设计总平面图的图面内容按其设计坐标，用铅笔展绘于图纸上，作为底图。

2. 竣工总平面图的编绘

在建筑物施工过程中，在每一个单位工程完成后，应该进行竣工测量，并提出该工程的竣工测量成果。对凡有竣工测量资料的工程，若竣工测量成果与设计值之比差不超过所规定的定位容许误差时，按设计值编绘；否则应按竣工测量资料编绘。对于各种地上、地下管线，应用各种不同颜色的墨线绘出其中心位置，注明转折点及井位的坐标、高程及有关注记。在一般没有设计变更的情况下，墨线绘的竣工位置与按设计原图用铅笔绘的设计位置应该重合。随着施工的进展，逐渐在底图上将铅笔线都绘成为墨线。在图上按坐标展绘工程竣工位置时，和在图底上展绘控制点的要求一样，均以坐标格网为依据进行展绘，展点对临近的方格而言，其容许误差为 ±0.3mm。

另外，建筑物的竣工位置应到实地去测量，如根据控制点采用极坐标法或直角坐标法实测其坐标。外业实测时，必须在现场绘出草图，最后根据实测成果和草图，在室内进行展绘，便成为完整的竣工总平面图。

三、竣工总平面图的附件

为了全面反映竣工成果，便于管理、维修和日后的扩建或改建，下列与竣工总平面图有关的一切资料，应分类装订成册，作为竣工总平面图的附件保存：

（1）建筑场地及其附近的测量控制点布置图及坐标与高程一览表；

（2）建筑物或构筑物沉降及变形观测资料；

（3）地下管线竣工纵断面图；

（4）工程定位、检查及竣工测量的资料；

（5）设计变更文件；

（6）建设场地原始地形图等。

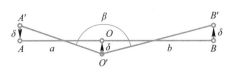 思考题与习题

一、单项选择题

1. 施工测量具有下列特点（   ）。

A. 施工测量不受施工干扰　　　　B. 施工测量不受施工组织计划限制

C. 相对测图测量而言，精度高　　D. 相对测图测量而言，精度低

2. 对于地势平坦，建筑物排列整齐的大中型建筑场地，施工平面控制网多采用（   ）。

A. 导线网　　　　　　　　　　　B. 三角形网

C. 建筑基线　　　　　　　　　　D. 建筑方格网

3. 一条直线形的建筑基线上，基线点的个数（   ）。

A. 有 2 个即可　　　　　　　　　B. 应多于 2 个

C. 必须多于 3 个　　　　　　　　D. 越多越好

4. 建筑基线布设的常用形式有（   ）。

A. ①矩形②十字形③丁字形④ L 形

B. ①山字形②十字形③丁字形④交叉形

C. ①一字形②十字形③丁字形④ L 形

D. ① X 形② Y 形③ O 形④ L 形

5. 在建筑物放线中，延长轴线的方法主要有两种：（   ）和轴线控制桩法。

A. 平移法　　　　　　　　　　　B. 交桩法

C. 龙门板法　　　　　　　　　　D. 顶管法

二、简答题

1. 施工测量与地形测量的异同是什么？

2. 简述施工测量的目的和内容。

3. 如图 9-37 所示，为确定建筑方格网的主点 A、O、B 根据测量控制点测设出 A'、O'、B' 三点，现精确测得 $\beta = 179°58'48''$，已知 $a = 100$m，$b = 150$m，求各点的移动量。

4. 民用建筑施工测量包括哪些主要工作？

5. 点的平面位置测设方法有哪几种？在什么条件下采用？测设数据是什么？

图 9-37　简答题（3）

6. 建筑方格网如何测设？

7. 简述烟囱的施工测量工作。

8. 简述建筑物沉降观测的目的和方法。

9. 为什么要编绘竣工总平面图？竣工总平面图包括哪些内容？

技能训练一　水准仪的认识与使用（DS₃ 微倾式水准仪）

一、目的与要求

（1）熟悉 DS_3 型微倾式水准仪的构造，认识主要部件的名称及作用。

（2）练习水准仪的安置、瞄准与读数。初步掌握使用水准仪的操作要领，能正确读取水准标尺的四位读数。

（3）练习测定地面两点间高差。

二、仪器、工具

DS_3 型微倾式水准仪 1 台，水准尺 1 副。

三、方法与步骤

（一）水准仪的认识与使用

1. 安置仪器

先将三脚架的伸缩腿打开，张开架腿调至其高度适当，架头大致水平，并踩实架腿；开箱取出仪器（取出前注意仪器在箱中安放位置）将其固连在三脚架上（连接时松紧要适度）。

2. 认识仪器的构造，了解各部件的功能和使用方法

指出仪器各部件的名称，了解其作用并熟悉其使用方法；弄清水准尺的分划与注记。

3. 粗略整平

双手同时向内（或向外）旋转一对脚螺旋，使圆水准器气泡移动到中间（气泡移动与左手拇指转动方向一致），再旋转第三个脚螺旋使气泡居中，若一次气泡未能居中，可反复进行直至气泡居中。

4. 瞄准水准尺

转动目镜调焦螺旋使十字丝分划板清晰；松开制动螺旋，转动仪器，用准星和照门粗略瞄准水准尺，固定制动螺旋；旋转物镜调焦螺旋使水准尺成像清晰（注意消除视差）；转动微动螺旋使纵丝对准水准尺一侧（检查水准尺是否竖直）。

5. 精平与读数

转动微倾螺旋使符合水准器气泡两端的影像吻合（成半圆弧状）；从望远镜内用中横丝在水准尺上读取四位读数，即直接读出米、分米、厘米，估读毫米（读数时应先估读毫米数，然后再按米、分米、厘米及毫米，一次读出四位数），读数时应注意从小到大，数值增加方向读。

（二）练习水准测量

（1）在地面选定 A、B 两点（相距 100～200m），A 点高程 H_A 为已知（由教师提供）测定 B 点的高程。

（2）在 A 点竖立尺为后视，与 A 点相距 30～50m 处竖立尺为前视（转点 TP_1），在两尺大致相等处（用步量）安置仪器。

（3）瞄准后视尺 A，精平后读取后视读数 a_1，并记入手簿。

（4）瞄准前视尺 TP_1，精平后读取前视读数 b_1，并记入手簿。

（5）计算高差

$$h_1 = a_1 - b_1 \qquad 记入手簿$$

（6）由 A 向 B 方向前进，进行下一站观测工作，重复 3、4 步骤，直至 B 点。

（7）计算 A、B 两点的高差 $h_{AB} = \Sigma h = \Sigma a - \Sigma b$；$B$ 点高程 $H_B = H_A + h_{AB}$

四、注意事项

（1）瞄准水准尺时要注意检查视差；读数瞬间必须保证符合水准器气泡吻合（读完数后注意检查气泡是否吻合）。

（2）水准尺必须扶竖直；掌握标尺刻划规律；读数应由小到大，按数值增加方向读（不管上、下，由小到大）。

（3）水准测量实施中，读完后视读数不得再用脚螺旋整平；搬站时，相邻两站的转点位置不得变动。

技能训练二　水准路线测量（闭合水准路线）

一、目的与要求

（1）熟悉普通水准测量的外业与内业工作。

（2）掌握闭合水准路线的施测方法，记录、计算与检核方法。

（3）利用本组的外业观测成果，每人独立完成水准测量成果计算。

（4）要求满足高差闭合差：$f_h < \pm 12\sqrt{n}\,(\text{mm})$

二、仪器、工具

DS_3 型水准仪 1 台，水准尺 1 副。

三、方法与步骤

（1）从已知高程（由教师提供）的水准点 A 开始，沿指定的水准路线在地面选定 B、C 两个坚固点为待测点，与 A 点组成一闭合水准路线（各点之间相距 50m 左右）。安置水准仪在 A 和 B 之间，目估前、后视距离大致相等，测站编号为 Ⅰ。

（2）后视 A 点尺，精平后读取读数 a_1 记入手簿；前视 B 点尺，精平后读取读数 b_1 记入手簿；计算高差 $h_1 = a_1 - b_1$，记入手簿。

（3）改变仪高（大于 0.1m）重复（2）步骤，计算高差 h_1'。

（4）两次仪高所测得的高差之差 $\Delta h = |h_1 - h_1'| \leqslant 5\text{mm}$ 时，则取其平均值作为平均高差（第 Ⅰ 测站高差），否则重测。

（5）迁至第 Ⅱ 站同法继续观测；沿选定的路线依次进行观测，直至返回原水准点 A。

（6）计算检核：$\Sigma a - \Sigma b = \Sigma h$

（7）高差闭合差的计算与调整

$f_h = \Sigma h_{测}$　$f_{h容} \leqslant \pm 12\sqrt{n}\,\text{mm}$ 若 $|f_h| < |f_{h容}|$，则调整 f_h，否则，应进行重测。

（8）计算待定点的高程。

根据已知高程点 A 的高程和各点之间改正后的高差计算 B、C 两个点的高程，最后推算 A 点的高程应与已知值相等，以资校核。

技能训练三 自动安平水准仪的认识与使用

一、目的与要求

（1）认识自动安平水准仪的构造特点，掌握使用方法。

（2）练习自动安平水准仪的安置、瞄准、读数、记录和进行高差测量的方法。

二、仪器、工具

自动安平水准仪 1 台，水准尺 1 副。

三、方法与步骤

（一）自动安平水准的认识与使用，熟悉其各部件的作用。

1. 安置仪器	同微倾式水准仪。
2. 认识仪器	对照实物正确说出仪器的组成部分，了解各部件的功能和使用方法。
3. 粗略整平	同微倾式水准仪。
4. 瞄准水准尺	同微倾式水准仪。
5. 读数	自动安平水准仪通过圆水准器粗平后，在读数前一定要检查补偿器是否正常发挥作用，只有补偿器处于正常工作状态，才能读取横丝（水平线）在标尺上的读数。

检查补偿器是否处于正常工作状态的方法：

补偿器检查：读数前，轻轻按一下补偿器按钮，若标尺像上、下稍微摆动，最后水平丝恢复到原来位置上，则补偿器处于正常工作状态，视为视线水平（可以读到视线水平时的读数）。当轻轻按下补偿器按钮，标尺像不是正常摆动，而是急促短暂的跳动，表明圆水准器气泡偏离中心了，补偿器超出了工作范围，必须将仪器重新整平，使圆水准器气泡居中。只有圆水准器气泡居中后，补偿器才能处于工作状态，才能读取横丝（水平线）在标尺上的读数。

（二）高差测量 同 DS$_3$ 型微倾式水准仪。

四、注意事项

1. 在读数前必须检查补偿器，看其是否处于正常工作状态。
2. 其他注意事项与技能训练一所讲的注意事项相同。

✕ 技能训练四 经纬仪的认识与使用

一、目的与要求

（1）了解 DJ_6 型光学经纬仪的基本结构及主要部件的名称与作用。

（2）练习经纬仪的对中、整平、瞄准和读数的方法，掌握基本操作要领。

（3）练习测量两个目标之间的水平角；要求垂球对中误差小于 3mm，整平误差小于 1 格。

二、仪器、工具

DJ_6 型光学经纬仪 1 台，测钎 2 根。

三、方法与步骤

（一）认识仪器的各个部件，熟悉其作用。

（二）经纬仪使用。

1. 对中

打开三脚架伸缩腿，张开架腿使其高度适当，架头大致水平，挂上垂球，平移三脚架，使垂球尖大致对准测站点，将三脚架各腿踩紧使之稳固。略松连接螺旋，利用移心装置，移动仪器照准部，使垂球尖对准测站点（误差小于 3mm），旋紧连接螺旋。

2. 整平

松开水平制动螺旋，转动照准部，使水准管平行于任意一对脚螺旋的连线，旋转脚螺旋使气泡居中。将仪器照准部转动约 90°，使水准管垂直于原来的两个脚螺旋的连线，再转动第三个脚螺旋，使气泡居中。如此在上述平行与垂直的两个位置反复数次调试，使气泡均居中，当仪器转至任何一个方向，气泡中心偏离水准管零点不超过 1 格为止。

3. 瞄准

望远镜对准明亮处，旋转目镜调集螺旋，使十字丝清晰，利用望远镜上的照门和准星瞄准目标，固定制动螺旋；旋转物镜调焦螺旋，使目标成像清晰并清除视差；旋转水平微动螺旋和望远镜微动螺旋使十字丝竖丝的中央部分平分或夹准目标（应尽量瞄准目标底部）。

4. 读数

打开反光镜，使读数窗内亮度适当；旋转读数显微镜的目镜调焦螺旋，使度盘与分微尺的影像清晰。

（三）练习测量两个目标之间的水平角。

（1）盘左：如图1所示，瞄准左方目标点 A，读取水平度盘读数 a_1；顺时针转动照准部瞄准右方目标点 B，读取水平度盘读数 b_1。

（2）盘右：瞄准右方目标点 B，读取水平度盘读数 b'_1，逆时针转动照准部，瞄准左方目标点 A，读取水平度盘读数 a'_1。

图1

（3）计算水平角

盘左半测回水平角：$\beta_{左}=b_1-a_1$

盘右半测回水平角：$\beta_{右}=b'_1-a'_1$

一测回水平角：$\beta=1/2（\beta_{左}+\beta_{右}）$

四、注意事项

（1）仪器出箱、装箱操作要正确。
（2）必须严格遵守仪器使用的操作规程。
（3）仪器安置在三脚架上时，要注意连接螺旋的可靠性。
（4）建议：进行度盘配零练习。

✕ 技能训练五　水平角观测（测回法）

一、目的要求

（1）掌握测回法观测水平角的操作方法、步骤及其要领。

（2）掌握测回法测量水平角的记录、计算方法；每人对同一角度观测一测回，上、下半测回角值之差应小于 $40''$。

二、仪器、工具

DJ$_6$ 型经纬仪 1 台，测钎 2 根。

三、方法与步骤

（1）安置经纬仪于测站点上进行对中（垂球对中误差小于 3mm）和整平（水准管气泡偏离中心应小于 1 格）。

（2）盘左：瞄准左方目标点 A，读取水平度盘读数 a_1 记入手簿；松开水平制动螺旋，顺时针旋转照准部，瞄准右方目标点 B，读取水平度盘读数 b_1 记入手簿。盘左半测回（上半测回）水平角 $\beta_左 = b_1 - a_1$ 记入手簿。

（3）盘右：瞄准 B 点，读取水平度盘读数 b'_1 记入手簿；逆时针旋转照准部瞄准 A 点，读取水平度盘读数 a'_1 记入手簿。盘右半测回（下半测回）水平角 $\beta_右 = b'_1 - a'_1$ 记入手簿。

（4）若 $|\beta_左 - \beta_右| \leqslant 40''$ 时，取 $\beta = 1/2 (\beta_左 + \beta_右)$ 作为一测回的水平角，记入手簿。

四、注意事项

（1）边观测，边记录，边计算，发现错误立即查找原因，及时纠正。

（2）同一水平角各测回角度互差应小于 $\pm 24''$。

（3）水平角计算应以右方向读数 b 减左方向读数 a，如不够减时，b 读数应加 360° 之后再减 a 读数。

（4）时刻牢记遵守仪器使用的操作规程。

记录手簿

测站	竖盘位置	目标	水平盘读数 (° ′ ″)	半测回角值 (° ′ ″)	一测回角值 (° ′ ″)	备注

技能训练六 DJ₂型光学经纬仪的认识与使用

一、目的与要求

（1）了解 DJ₂ 型光学经纬仪的构造及各部件的功能。

（2）区分 DJ₂ 型与 DJ₆ 型经纬仪的异同点。

（3）掌握 DJ₂ 型经纬仪对中、整平、瞄准、读数的方法。掌握基本操作要领。

（4）练习测量两个目标之间的水平角。

二、仪器、工具

DJ₂ 型经纬仪 1 台、测钎二根。

三、方法与步骤

（一）熟悉 DJ₂ 型光学经纬仪各部件的名称及作用。

（二）DJ₂ 型光学经纬仪的使用

1. DJ₂ 型光学经纬仪的安置方法与 DJ₆ 型光学经纬仪相同。（光学对中器对中时，对中和整平工作要交替进行）

2. DJ₂ 型光学经纬仪的瞄准目标方法与 DJ₆ 型光学经纬仪相同。

3. 练习读数

（1）读数设备是对径分划读数视窗时：

① 读数时，转动换像手轮，当手轮表面的刻线呈水平时，读数窗内显示的是水平度盘的影像。打开反光镜，使读数窗明亮。

② 转动测微轮，使读数窗内上、下分划线对齐（度盘正、倒像分划线对齐）。

③ 读出位于左侧或靠中间的正像度盘刻划线的度数（在正像注字的右边能找到一个相差 180°的倒像注字）。

④ 按正像的注字读取度数后，再读出与正像度刻线相差 180°位于右侧或靠中间的倒像度刻线之间格数（每格表示 10′）。

⑤ 在左侧小窗中用横指标线截取小于 10′ 的分、秒读数。

⑥ 将上述度、分、秒相加，以上三个数之和即得整个度盘读数。

（2）读数设备是数字化读数视窗时：

①读数时，转动换像手轮，当手轮表面的刻线呈水平时，再转动测微轮、使右下方窗口内分划线上、下对齐（度盘正倒像分划线对齐）。

②读出上窗口左边的度数和向下凸出的小方格窗口内的整10′的数。

③再读出左下窗口横指标线截取小于10′的分、秒读数。

④将上述度、分、秒相加，以上三个数之和即得整个度盘读数。

四、注意事项

1. DJ$_2$型经纬仪属于精密仪器，操作时要做到轻拿轻放。转动螺旋时要慢、稳。螺旋旋转部分尽量使用其中间部位。

2. DJ$_2$型经纬仪的水平度盘和竖直度盘的读数，虽然都在读数显微镜中读出，但它们并没有同时显示在读数窗中，而是需要转动换像手轮，当手轮表面的刻线呈水平时，读数窗内显示的是水平度盘的影像。当手轮表面的刻线呈竖直时，读数窗内显示的是竖直度盘的影像。使用时一定要注意。

3. 光学对中误差≤±1mm；整平误差不大于一格。

技能训练七 竖直角观测

一、目的要求

（1）熟悉DJ$_6$型光学经纬仪的竖盘部分构造。

（2）掌握观测竖直角的方法、计算与记录方法。

二、仪器、工具

DJ$_6$型光学经纬仪1台，测纤2根。

三、方法与步骤

（1）安置经纬仪后，盘左位置，观察视准轴水平、上仰、下俯时竖盘读数变化情况，写出所用仪器竖直角计算公式，或绘竖盘刻划注记形式，填入手簿备注。

（2）盘左：瞄准高处（或低处）目标 A 点（用十字丝中横丝切于目标点的顶端）。转动竖盘指标水准管微动螺旋，使竖盘水准管气泡居中（有自动归零补偿器的仪器，打开补偿器开关，使其处于 ON 的位置），读竖盘读数 L，记入手簿；计算竖直角

$\alpha_L=90°-L$（上仰读数变小）或 $\alpha_L=L-90°$（上仰读数变大），记入手簿。

（3）盘右：瞄准同一目标点 A，转动竖盘指标水准管微动螺旋，使竖盘指标水准管气泡居中，读取竖盘读数 R 记入手簿；计算竖直角 $\alpha_R=R-270°$ 或 $\alpha_R=270°-R$ 记入手簿。

（4）计算平均值角 $\alpha=1/2(\alpha_L+\alpha_R)$ 或 $\alpha=1/2(R-L-180°)$。

（5）计算指标差 $X=1/2(L+R)-180°$。

四、注意事项

（1）瞄准目标的部位要记清，两次瞄准不可变位（在照准目标时应精确，对光要好）。

（2）每人观测仰角、俯角各一个，对同一台仪器观测高处一目标点与观测低处一目标点的观测方法与计算公式完全一样，而且计算得角值的正、负号与实际的仰、俯角也是一致的，而且指标差的正、负号也是一致的，以此验证所用计算竖直角公式是否正确。

（3）对同一台仪器的竖盘指标差之间的互差应小于 25"。

（4）牢记读数前，指标水准管气泡必须居中后再读数。

记录手簿

测站	目标	竖盘位置	竖盘读数 (° ′ ″)	竖直角 (° ′ ″)	平均竖直角 (° ′ ″)	指标差 (″)	备注

技能训练八 电子经纬仪的认识与使用

一、目的与要求

（1）了解电子经纬仪的基本构造，以及主要部件的名称与作用。

（2）熟悉键盘及操作指令。

二、仪器、工具

电子经纬仪 1 台、测钎两根。

三、方法与步骤

1. 电池安装并确定电池容量充足。

2. 在测站点上安置仪器，对中、整平后仪器开机。

3. 开机。仪器电源打开，按开机键开机，进入初始化界面；上下转动望远镜一周，然后再使仪器水平盘转动一周，仪器初始化；并自动显示水平度盘角度，竖直度盘角度以及电池容量信息。

4. 选择角度值增加方向为顺时针。

5. 通过水平盘和垂直盘的制、微动螺旋使仪器精确的瞄准左方向目标点。

6. 按置【0】键，设定水平角度值为 0°00′00″。

7. 通过水平盘和垂直盘的制、微动螺旋使仪器瞄准右方向目标点。

8. 读出仪器显示屏上直接显示的水平角度。

9、测量结束，按关机键关机，仪器显示屏上显示"OFF"，仪器关机。

四、注意事项

1. 电子经纬仪在装卸电池时，必须先关掉仪器的电源开关（关机）。

2. 液晶显示屏的左下角显示一节电池，中间的黑色填充越多，则表示电池容量越足；如果黑色填充很少，已接近底部，则表示电池需要更换。

3. 光学经纬仪使用和保管的注意事项都均适用于电子经纬仪。

4. 各生产厂家生产的电子经纬仪各不相同。由于厂家不同，仪器型号不同，因此使用时一定要认真阅读使用说明书，熟悉键盘以及操作指令，严格按指令操作使用。

✎ 技能训练九　钢尺一般方法丈量距离与视距测量

一、目的要求

（1）掌握用钢尺进行丈量距离的一般方法。

（2）要求钢尺往返丈量，相对误差不大于 1/3000。

（3）练习用视距法测定地面两点间的水平距离和高差。

（4）往、返视距测得的水平距离，相对误差不大于 1/3000，高差之差不大于 5cm。

二、仪器、工具

钢尺 1 把，测钎一束，标杆 3 根，经纬仪 1 台，水准尺 1 根。

三、方法与步骤

（一）距离丈量

（1）在地面选择相距约 100m 的 A、B 两点做标记，作为量距的起、终点，并在 A、B 两点的外侧竖立标杆。

（2）往测：后尺手插一根测钎于 A 点并持尺零端在 A 点；前尺手携带其余测钎并手持钢尺尺把和标杆沿 AB 方向前进，行至一整尺距离处停下。立标杆听候指挥定线。

（3）一人立于 A 点后约 1m 处，用目估法指挥持标杆者左右移动标杆，使其标杆插在 AB 方向上，并在标杆下做出标记。

（4）后尺手以尺的零端对准 A 点，前尺手紧贴定线地面点，拉紧钢尺，当后尺手零点准确对在 A 点处，并发出"好"的信号时，前尺手立即在整尺长的终点分划处竖直插入一根测钎于地面，此时完成往测第一尺段的丈量。

（5）后尺手与前尺手抬尺等速向 B 点方向前进，当后尺手到达第一根测钎处，止步。重复第一尺段丈量的操作方法，丈量其余整尺段。每量完一整尺段时，后尺手都要将测钎拔起带走，后尺手手中测钎数，以示丈量的整尺段数。

（6）最后一段不足一整尺段时，后尺手仍以尺的零点对准测钎，前尺手读出终点 B 在尺上的读数（读数至毫米）称为余长。

（7）以上完成往测全长 $D_{往}=nL+q$，式中：n 为丈量的整尺段次数；L 为整尺长；q 为余长。

（8）返测：与往测方法相同，由 B 向 A 进行返测，但返测必须重新进行定线。$D_{返}=nL+q$。

（9）计算往、返丈量结果的平均值，并按下式计算相对误差 K。

$$K = \frac{\left|D_{往}-D_{返}\right|}{\frac{1}{2}(D_{往}+D_{返})} = \frac{1}{\dfrac{D_{平均}}{|\Delta D|}}$$

K 值应不大于 1/3000 的精度要求，若不满足精度，应重新进行丈量。若 K≤1/3000 时，取平均值作为 AB 段的长度。

（二）视距测量

（1）安置经纬仪于 A 点，用尺量出仪高 i（从 A 点量至仪器横轴，精确到厘米即可），在 B 点竖立水准尺。

（2）盘左：用中横丝对准水准尺上的读数等于 i 附近，然后读记上、下丝读数（精确到毫米），随即计算出视距间隔 $L=|a-b|$ 。

（3）转动望远镜微动螺旋使中横丝对准尺上的读数等于 i 处即 $i=v$；转动竖盘指标水准管微动螺旋，使竖盘指标水准管气泡居中，读取竖盘读数并记录，随即计算竖直角 $\alpha_{左}$ 。

（4）盘右：重复（2）、（3）步骤，并计算出视距间隔 L 及竖直角 $\alpha_{右}$ 。

（5）用盘左、盘右观测的视距间隔的平均值和竖直角的平均值，计算 A、B 两点的水平距离和高差。水平距离：$D_{AB}=Kl\cos^2\alpha$　$h_{AB}=D\tan\alpha$ 。

（6）将经纬仪安置于 B 点，量取仪高 i，在 A 点竖立水准尺，由 B 点观测 A 点进行返测。同法进行测记尺间隔及竖直角并计算 B、A 两点的水平距离和高差。

（7）检查往、返测得水平距离和高差的绝对值是否超限。

四、注意事项

（1）丈量时，定线要准，钢尺应拉直、拉平，用力均匀。

（2）丈量前要认清钢尺的零点位置。钢尺不可拖地而行，不可车压人踩，用后要擦净、上油。

（3）视距测量时可用下面的公式：

|上丝读数－下丝读数|=|2（上丝读数－中丝读数）|=|2（中丝读数－下丝读数）|
检核水准尺上的读数是否正确。

（4）对准 B 点竖立的标尺后，也可直接读取上、中、下（a、v、b）三丝读数，然后按：$h=D\tan\alpha+i-v$ 计算高差。

技能训练十　全站仪的认识与使用

一、目的与要求

（1）了解全站仪各主要部件的名称及作用。

（2）了解全站仪的安置，瞄准和基本操作要领。

（3）了解全站仪测量水平角，竖有角，水平距离和高差的方法。

二、仪器、工具

全站仪 1 台，反射棱镜、觇板、测杆，记录板等。

三、方法与步骤

1. 安装电池并确认显示窗内有足够的电池容量。

2. 安置全站仪于测站点上。对中、整平，方法同经纬仪的安置工作，在此不再重述。量仪器高。

3. 安置棱镜于另一固定点，对中，整平。

4. 按开机键开机，根据提示转动望远镜一周，听到"滴"的一声，表示仪器初始化成功，可以正常使用。

全站仪出厂时，开机后，显示屏显示的是角度测量模式（水平度盘和竖直度盘模式）。按教材图 4-17 显示的按键功能就可以进行角度测量及距离测量。按图 4-18 显示的按键功能可以进行高差测量。

需要注意：在角度测量模式下要进行距离测量，首先要通过操作功能键，将角度测量模式转换为距离测量模式。距离测量前通常需确认棱镜常数值（PSM）和大气改正值（PPM）设置，再进行距离测量。

四、注意事项

1. 全站仪安置站点和棱镜安置点都需要精确对中、整平。

2. 全站仪是贵重的精密仪器，在使用过程中一定要确保仪器的安全，以防损坏。

3. 电子经纬使用和保管的注意事项都均适用于全站仪。

4. 各厂家生产的全站仪各不相同。由于厂家不同，仪器型号不同，因此使用时一定要认真仔细阅读使用说明书。熟悉键盘、看懂按键说明、熟记各功能键，按说明书提示的操作步骤逐项进行。

5. 测距时，若目标被树枝等物体挡住，可能导致信号弱。因此请保证测距时仪器与棱镜间无遮挡，才能保证测距精度。

技能训练十一　闭合导线外业测量

一、目的要求

1. 掌握闭合导线的布设方法和施测步骤。

2. 进一步熟悉水平角和水平距离的测量方法。

3. 用钢尺往、返丈量导线各边边长，其相对误差不得超过 1/3000 角度闭合差不得超过 $\pm 60'' \sqrt{n}$，导线相对闭合差不得超过 1/2000。

二、仪器工具

每组 J2 光学经纬仪 1 台、测钎 2 个、钢尺 1 把、小钉 4 个、木桩 4 个、记录板 1 个。

三、实习内容

1. 选点：每组在指定测区内选 4 个控制点，做上标记并进行统一编号，如果将相邻两个控制点连接就形成闭合的四边形。

2. 水平角的观测：将闭合多边形的 4 个内角采用测回法进行观测。要求同一目标盘左、盘右读数相差 180° ±2′ 范围内；上半测回、下半测回角值之差不大于 40″ 范围内，并将观测数据记录到水平角观测手簿。

3. 闭合导线角度闭合差不大于 $60'' \sqrt{n}$ 范围内，计算角度闭合差及闭合差的调整。

4. 边长测量：将相邻两点的水平距离用往、返测量的方法测出，并将观测数据记录到距离观测手簿，相对误差小于 1/3000。

四、注意事项

1. 每组交导线测量外业记录表。

2. 每人交实习情况报告书。

水平角观测记录手簿

日期：　　　　天气：　　　　地点：　　　　仪器：　　　　组别：　　　　观测：　　　　记录：

测站	竖盘位置	目标	水平度盘读数			半测回角值			一测回角值			备注
			°	′	″	°	′	″	°	′	″	
1												
2												
3												
4												

内角闭合差调整计算手簿

日期：　　　　天气：　　　　地点：　　　　仪器：　　　　组别：　　　　观测：　　　　记录：

点号	观测值	改正值	改正后角值	备注
1				
2				
3				
4				
总和				
辅助计算				

距离记录与计算表

日期：　　　天气：　　　地点：　　　仪器：　　　组别：　　　观测：　　　记录：

测量起止点号	测量方向	水平距离（m）	往返测较差（m）	平均距离（m）	精度
1-2	往测				
	返测				
辅助计算备注					

✕ 技能训练十二　经纬仪测绘法测图

一、目的与要求

1. 熟悉经纬仪配合量角器测绘法测图的原理与方法，测量专用量角器展绘点位的方法。

2. 熟悉计算器记录计算碎部点观测数据的方法。

3. 熟悉选择碎部点立尺的方法。

二、准备工作

场地布置：选择具有地物、地貌的典型地段作为试验场地，每组选定 A，B 两个控制点作为图根点。

三、仪器和工具

DJ_6 级光学经纬仪 1 台（含三脚架），视距尺 1 把，小钢尺 1 把，测量专用量角器 1 个，大头针 1 根，测图板 1 块，聚酯薄膜图纸 1 张，计算器 1 台，记录板 1 块，测伞

1 把，绘图工具 1 套，地形图图式 1 本。

四、人员组织

每组 4 人，分工为：观测 1 人，记录计算 1 人，绘图 1 人，立尺 1 人，轮换操作。

五、实验步骤

1. 在测站 A 安置经纬仪，量取仪器高；盘左瞄准后视点 B，将水平度盘配置为 $0°\,00'00''$。

2. 在绘图纸上定出 a 点，画出 ab 方向线，用大头针将量角器中心钉在 a 点。

3. 测图前，根据测站位置、地形情况和立尺的范围，大致安排好立尺路线，立尺顺序应连贯。

4. 按商定路线将视距尺立于各碎部点，观测记录上丝、下丝、竖盘和水平盘读数，使用计算器计算碎部点的平距与高程。

5. 根据观测的水平度盘读数和计算出的水平距离用专用量角器将碎部点展绘于图纸上，并在点位右侧 0.5mm 的位置注记高程，字头朝北；及时绘出地物，勾绘等高线，最后应对照实地检查有无遗漏。

6. 搬迁测站，同法测绘，直到指定范围的地形、地物均已测绘完成为止，最后依图式符号进行整饰。

7. 检核：经纬仪观测过程中，每测 20 个碎部点，应重新瞄准后视方向进行检查，若水平度盘读数变动超过 $±4'$，则重新定向。

经纬仪测绘法测图记录手簿

班级 _____ 组号 _____ 组长（签名）_____ 仪器 _____ 编号 _____

测站点名：_____ 坐标：$x=$_____ $y=$_____ $H=$_____

后视点名：_____ 坐标：$x=$_____ $y=$_____ $H=$_____

仪器高：_____ 日期：_____ 年 ___ 月 ___ 日

序号	上丝读数（mm）	下丝读数（mm）	竖盘读数（°′）	水平盘读数（°′）	水平距离 D（m）	高程 H（m）
案例	500	1145	59 15	91 03	64.467	4.688

序号	上丝读数（mm）	下丝读数（mm）	竖盘读数（°′）	水平盘读数（°′）	水平距离 D（m）	高程 H（m）

✕ 技能训练十三　测设水平角和水平距离

一、目的要求

1. 掌握测设水平角度的一般方法，要求角度测设误差≤±1′。
2. 掌握测设距离的一般方法。

二、仪器工具

光学经纬仪 1 台，花杆，记录板 1 块，铅笔自备。

三、方法与操作步骤

1. 测设已知水平角 β（β 由教师指定或学生自定）（图 2）

（1）在 A 点安置经纬仪，对中、整平，用盘左位置照准 B 点，调节水平度盘位置变换轮，使水平度盘读数为 0°00′00″。

（2）转动照准部使水平度盘读数为 β 值，按视线方向定出 E' 点。

（3）然后用盘右位置重复上述步骤，定出 E'' 点。

（4）取 E' 与 E'' 点连线的中点 E，则 AE 即为测设角值为 β 的另一方向线，$\angle BAE$ 即为测设的 β 角。

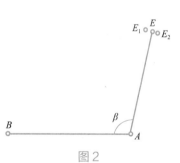

图 2

（5）检核：用经纬仪按测回法测量水平角 BAE 一个测回，检查其与已知值的误差应小于 ±1′。

2. 测设已知水平距离 D（D 大于一个尺段）

要求利用测设水平角的桩点 A 和 E，以 A 为起点，沿 AE 方向线测设已知水平距离 D。

（1）在 A 点安置经纬仪，对中整平，照准 E 点，在视线方向定出量距分段点，从 A 点起逐段用钢尺量出水平距离 D，打桩并定点 P。

（2）重新丈量 A 点至 P 点的水平距离，与设计距离 D 的相对误差应小于 1/3000。

✎ 技能训练十四　已知高程点的测设

一、目的与要求

用一般方法测设已知高程点，测设限差：高程误差不大于 5mm。

二、仪器工具

DS_3 光学水准仪 1 套；水准尺 2 只；记录板 1 个；木桩 3～5 个。

三、方法与步骤

1. 在地面上选定一个已知高程控制点 A（可以选在建筑物的台阶上、或固定的路边石块上），已知 $H_A = 118.500m$，做好标志。

2. 在 A 点附近测设一个已知高程点，该点设计高程为 $H_{B设} = 119.000m$ B 点（该点可以测设在树干上，或附近定好的木桩上，或附近建筑物的墙面上），画上红线作为标志。

四、完成内容及成果

1. 每人至少进行一个设计高程的测设。
2. 测设记录成果表一张。
3. 检核表一张。

五、方法与操作步骤

1. 将水准仪安置在距 A、B 两点大致等距的适当位置上，调平，在 A 点放置水准尺，瞄准 A 尺，读数 a，记录。
2. 计算视线高程 $H_i = H_A + a$。
3. 计算 B 点尺应读数值 b 应等于 $H_i - H_B$。
4. 在 B 点木桩的侧面竖立水准尺（或在树干侧面竖立水准尺、或在墙面上竖立水准尺），观测者指挥立尺员上下移动水准尺，直到 b 应值与水准仪中丝平齐为止。
5. 延 B 点尺尺底在木桩上画红线，该红线即为高程 $H_{B设} = 119.000m$ B 点。
6. 检核：用双仪高法测量 A、B 两点高差，看是否与 A、B 两点设计高差相一致。

测设已知高程点记录表

日期：_____ 年 ___ 月 ___ 日　天气：_____ 地点：

仪器：_____ 组别：_____ 观测：_____ 记录：

测站	控制点高程 H_A（m）	后视读数 a（m）	视线高程 H_i（m）	待测设点 B 高程 H_B（m）	B 点应读数值 $b_{应}$（m）

技能训练十五　建筑物的定位测设（极坐标法）

一、目的与要求

1. 掌握用极坐标法进行建筑物定位测量的方法。

2. 要求各小组独立测设一幢矩形建筑物四个大角的主轴线交点。

3. 精度：边长相对误差小于 1/3000，内角与 90°之差小于 1′。

二、仪器工具

经纬仪一台，钢尺一把，测钎 6 根，细线若干（自备）。

三、方法与步骤

如图 3 所示，设建筑物的长轴为 28.76m，短轴为 12.48m，四个大角的主轴线交点的坐标见图 3。附近有平面控制点 A 和 B，其坐标见图 3，A 点的实地位置及 AB 方向由教师指定。

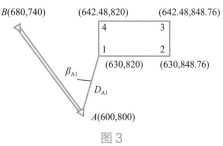

图 3

1. 测设数据计算

（1）用坐标反算公式，计算 A 至 B 的坐标方位角 a_{AB} 以及 A 至各轴线交点的坐标方位角 a_{A1}、a_{A2}、a_{A3} 和 a_{A4}；

（2）用坐标反算公式，计算 A 至各轴线交点的水平距离 D_{A1}、D_{A2}、D_{A3} 和 D_{A4}。

2. 现场测设

（1）在 A 点安置经纬仪，对中整平，照准 B 点，制动照准部，配置水平度盘读数为 a_{AB}；

（2）松开照准部制动螺旋，顺时针方向旋转照准部，当水平度盘读数为 Q_{A1} 时，制动照准部，在望远镜视线方向上测设水平距离 D_{A1}，在地面上打桩定点，即得到交点 1。再旋转照准部，当水平度盘读数为 a_{A2} 时，在望远镜视线方向上测设水平距离 D_{A2}，在地面上打桩定点，即得到交点 2。用同样的方法，依次测设交点 3 和交点 4。

检核

（1）用钢尺丈量各相邻桩点之间的水平距离，与相应的设计轴线长相比较，其距离误差应小于 $\pm 1/3000$；

（2）安置经纬仪于 1、2、3、4 各点，测量各内角与 90° 相比较，其角度误差应小于 $1'$。

水准仪系列的主要技术参数

项目及单位		等级		
		DS$_{05}$	DS$_1$	DS$_3$
		参数		
每公里水准测量高差中数偶然中误差（mm）		±0.5	±1.0	±3.0
望远镜放大倍数（倍）		42	38	28
望远镜有效孔径（mm）		55	47	38
望远镜最短视距（m）		3.0	3.0	2.0
符合水准管分划值（″/2mm）		10	10	20
自动安平补偿器性能	补偿范围（′）	±8	±8	±8
	安平精度（″）	±0.1	±0.2	±0.5
	安平时间（s）	2	2	2
粗平水准器分划值（″/2mm）	直交型管状	2	2	
	圆形	8	8	8
测微器（mm）	测量范围	5	5	
	最小格值	0.05	0.05	
主要用途		国家一等水准及地震水准测量	国家二等水准及其他精密水准测量	国家三、四等水准及一般工程水准测量

经纬仪系列的主要技术参数

项目及单位		等级			
		DJ$_{07}$	DJ$_1$	DJ$_2$	DJ$_6$
		参数			
水平方向测量一测回方向中误差不超过（秒）		±0.7	±1	±2	±6
望远镜放大率（倍）		30，45，55	24，30，45	28，30	20，25
物镜有效孔径（mm）		65	60	40	35，40
望远镜最短视距（m）		3	3	2	2
水准器分划值	照准部	4	6	20	30
	竖直度盘	10	10	20	30
	圆水准器	8	8	8	8
竖直度盘指标自动补偿器	工作范围	—	—	±2	±2
	安平中误差	—	—	±0.3	1
水平度盘最小格值		0.2	0.2	1	1
主要用途		国家一等三角和天文测量	二等三角测量及精密工程测量	三、四等三角测量，等级导线及一般工程测量	一般工程测量，图根及地形测量，矿井导线

主要参考文献

［1］ 吴来瑞，邓学才. 建筑工程测量手册. 北京：中国建筑工业出版社.

［2］ 陈昌乐. 建筑施工测量. 北京：中国建筑工业出版社. 1997.

［3］ 李仕东. 工程测量第三版. 北京：人民交通出版社. 2009.

［4］ 魏静，李明庚. 建筑工程测量. 北京：高等教育出版社. 2006.

［5］ 马真安，阿巴克力（维）. 工程测量实训指导. 北京：人民交通出版社. 2005 年 12 月.

［6］ DAL1528/DAL1528R 数字水准仪使用说明书、DT200 电子经纬仪使用说明书、中文数字健全站仪 110 系列使用说明书。

［7］ 李楠，于淑清，张旭光. 工程测量. 西安：西北工业大学出版社. 2013.

［8］ 胡勇. 建筑工程测量. 哈尔滨：哈尔滨工业大学出版社. 2017.

［9］ 陈荣林主编. 测量学. 哈尔滨黑龙江科学技术出版社. 1997.

［10］ 合肥工业大学主编. 测量学（第四版）. 北京：中国建筑工业出版社. 1995.